国家社科基金项目（22BGL013）

教育部人文社会科学研究基金项目（22YJC630138）

环境规制实施的理论与实证研究

HUANJING GUIZHI SHISHI DE LILUN YU SHIZHENG YANJIU

王琳　潘峰　著

西安交通大学出版社
XI'AN JIAOTONG UNIVERSITY PRESS

内容简介

本书以环境规制实施为研究对象,分析了环境规制实施的影响因素,并进行了实证检验,最后针对环境规制实施管理提出了对策并设计了激励机制方案。其中,第1章介绍了本书的研究背景和研究意义,界定了核心概念,提出了研究内容和研究方法。第2章梳理了环境规制实施的已有相关研究,包括财税体系研究、环境规制理论研究、环境规制策略研究和环境规制机制设计研究。第3章总结了环境规制实施相关理论,包括财税体系理论、规制理论、环境规制理论和规制行为理论。第4章归纳了环境规制实施的政策体制,包括环境保护法律体系、环境管理机构变迁、环境规制体制和工具。第5章对环境规制实施进行均衡分析,包括环境规制实施均衡模型构建和影响因素动态分析。第6章对环境规制实施进行演化博弈分析,包括演化博弈模型构建和影响因素动态分析。第7章对环境规制实施进行实证分析,包括结构方程模型构建和影响因素实证分析。第8章对环境规制实施提出管理对策并设计激励机制,以此促进经济与环境的协调发展。

图书在版编目(CIP)数据

环境规制实施的理论与实证研究 / 王琳,潘峰著. — 西安 :西安交通大学出版社, 2023.6
ISBN 978 - 7 - 5693 - 3273 - 5

Ⅰ. ①环… Ⅱ. ①王… ②潘… Ⅲ. ①环境政策－研究－中国
Ⅳ. ①X - 012

中国国家版本馆 CIP 数据核字(2023)第 100730 号

书 名	环境规制实施的理论与实证研究
	HUANJING GUIZHI SHISHI DE LILUN YU SHIZHENG YANJIU
著 者	王 琳 潘 峰
责任编辑	王建洪
责任校对	韦鸽鸽
封面设计	任加盟
出版发行	西安交通大学出版社
	(西安市兴庆南路1号 邮政编码 710048)
网 址	http://www.xjtupress.com
电 话	(029)82668357 82667874(市场营销中心)
	(029)82668315(总编办)
传 真	(029)82668280
印 刷	西安五星印刷有限公司
开 本	700mm×1000mm 1/16 印张 9.75 字数 190千字
版次印次	2023 年 6 月第 1 版 2023 年 6 月第 1 次印刷
书 号	ISBN 978 - 7 - 5693 - 3273 - 5
定 价	62.00 元

如发现印装质量问题,请与本社市场营销中心联系。
订购热线:(029)82665248 (029)82667874
投稿热线:(029)82665379 QQ:793619240
读者信箱:xj_rwjg@126.com

前　言

改革开放带来了举世瞩目的经济建设成就,伴随着经济的快速增长和工业化进程的不断推进,粗放型经济增长方式带来的环境污染问题日趋严重。尽管我国制定和颁布了一系列环境法律、规制标准和政策法规,但却并未使愈演愈烈的环境污染问题得到有效遏制。环境规制在统一制定标准下由规制主体负责实施,环境污染问题能否得到有效解决在很大程度上取决于环境规制的具体实施状况。

本书主要以环境规制实施为研究对象,以环境规制实施为切入点分析环境污染问题的内在机理,并在有效识别环境规制实施影响因素的基础上,给出相应的治理机制。本书综合了规制经济学、环境经济学、管理学和政治学等学科的研究视角,以财税体系理论、规制理论、环境规制理论和规制行为理论为理论基础,对环境规制实施的决定因素和作用机制提出了新的洞见,如制度因素决定了规制主体效用无差异曲线的形状,环境规制政策标准的提高有可能降低环境规制强度,以增加污染削减量为特征的技术创新会在不同条件下对环境规制实施产生不同影响,不同因素对环境规制实施的影响途径也是不同的。在运用结构方程模型对环境规制实施的影响因素进行实证分析后,从完善财税体系制度,完善环境规制体制,优化考核机制与监督、惩罚机制并行,科学制定环境规制政策标准与制度建设并行等方面提出了规范环境规制实施的对策和建议。最后,通过构建多任务委托-代理模型,分析了环境规制实施相关因素对最优激励契约的影响。

限于作者水平,书中难免存在不足之处,希望各位读者批评指正。

著者

2023 年 3 月

目　录

第一篇

理论基础篇

第 1 章　导　论

1.1　研究背景与研究问题

在 20 世纪 50 年代以前,我国工业化建设刚刚起步,环境污染问题并不突出。20 世纪 50 年代以后,随着工业化建设的大规模展开,环境污染问题初见端倪,但污染范围仍仅限于城市地区,污染危害程度也较为有限。改革开放以来,激励方式的改变带来了举世瞩目的经济建设成就,但伴随着经济的快速增长以及工业化和城市化进程的不断推进,粗放型经济增长方式所带来的环境污染问题也日渐严重[1]。1999 年以后我国进入了重化工时期,工业废水排放量、工业废气排放量和工业固体废弃物产生量开始进入迅速增长阶段,年均增速分别达到 8.5%、22% 和 17%[2]。1997—2009 年,工业废水排放量增长了 1.28 倍、工业废气排放量增长了 3.56 倍、工业固体废弃物产生量增长了 2.79 倍[3]。工业污染排放量不断增长,城乡环境污染日益严重,生态系统严重退化,经济增长与资源、环境之间的矛盾日益突出,并成为我国经济社会可持续发展的重大现实瓶颈。2022 年,我国废弃塑料回收率低于 30%,土地荒漠沙化占国土面积 27.2%,1/2 国土面积的生态环境状况指数在良以下,近 1/3 物种需要重点关注和保护,人均森林面积仅为全球人均面积的 1/9,化石类能源消耗约占全部能源消耗的 80%[4]。可见,环境恶化与经济发展之间的两难冲突正在日趋激化,环境问题已经成为制约经济发展、影响社会安定、危害公众健康的重要因素。

环境污染的负外部性以及环境资源产权的高界定成本决定了需要实施环境规制。实际上,环境保护很早就被作为我国基本国策,并且我国很早就开始重视环境规制问题,也设立了各级环境规制机构。我国早在 1973 年就制定了《工业"三废"排放试行标准》,在 1979 年颁布了《中华人民共和国环境保护法》。空气污染防治方面,1982 年颁布了《大气环境质量标准》,1987 年颁布了《中华人民共和国大气污染防治法》,1991 年颁布了《中华人民共和国大气污染防治法实施细则》,并于 1995 年、2018 年对大气污染防治法进行了两次修正,于 2000 年、2015 年进行了两次修订。水污染防治方面,1984 年颁布了《中华人民共和国水污染防治法》,1989 年实施了《中华人民共和国水污染防治法实施细则》,并于 1996 年、2008 年、2017 年对水污染防治法进行了修正和修订,于 2000 年出台了新的《中华人民共和国水污防治法实施细则》。固体废弃物污染、环境噪声污染和自然资源保护等方面,也先后制定实施了一系列法律法规。国务院于 2005 年出台了《关于落实科学发展观加强环境保护的决定》。2011 年,国务院印发《关于加强环境保护重点工作的意见》。2020 年 3 月,中共中央办公厅、国务院办公厅印发《关于构建现代环境治理体系的指导意见》,提出构建党委领导、政府主导、企业主体、社会组织和公众共同参与的现代环境治理体系[5]。

但是,环境规制标准以及政策法规的不断制定和出台,并没有遏制愈演愈烈的环境污染问题。例如,《国家环境保护"十五"规划》要求,第一个五年二氧化硫排放总量要比 2000 年减少 10％,城乡环境质量改善,生态恶化趋势得到控制;但到 2005 年末,二氧化硫排放量增加了 27％,城乡环境质量也并没有得到改善[6]。近年来,环境问题变得更加严峻,以下从与人们生产生活息息相关的空气环境质量、水环境质量和环境事件三个方面进行简要说明。

空气环境质量方面,2021 年生态环境状况公报显示:339 个地级及以上城市中,有 35.7％的城市不符合新的空气质量标准,121 个城市环境空气质量超标,酸雨区面积约 36.9×10^4 km²。水环境质量方面,2021 年生态环境状况公报显示:全国地表水监测的 3632 个国考断面中,Ⅰ～Ⅲ类水质的断面比例为 84.9％,十大水系Ⅰ～Ⅲ类水质的断面比例为 87.0％,210 个重要湖泊(水库)中Ⅰ～Ⅲ类水质湖泊(水库)占 72.9％;富营养化的湖泊(水库)比例为 27.8％,在 4778 个地下水监测点中,较差-极差水质的监测点达到 59.6％;同时,有 2.8 亿居民使用着不安全饮用水。环境事件方面,2021 年突发环境事件 147 起,重大敏感突发环境事件 27 起[7]。

虽然我国局部地区环境质量有所改善,但是一直没能有效扭转环境质量整体恶化的势头。环境污染问题是现行经济发展方式的结果,这种发展方式本质上源于治理模式[8]。环境规制统一制定标准并由各地分别实施[9],环境污染问题能否得到有效解决在很大程度上取决于环境规制实施状况。随着环境权责的逐步下放,环境规制实施情况直接影响着整个环境治理效果。环境质量的不断恶化、屡屡发生的环境事件与环境规制实施强度下降、放松对企业约束有直接关系。原环保部副部长在评论甘肃徽县血铅超标事件和湖南岳阳砷中毒事件时直言:"分析两起重大环境事件的原因,看似责任在企业,实则根源在环境规制实施,环境规制实施情况不理想是导致污染事件的根本原因。"[10]通过上述分析,使我们将环境规制实施纳入考察范围。

1.2　研究目的及意义

1.2.1　研究目的

环境规制是规制经济学的研究热点之一,国内外有关环境规制的研究可以分为实证研究和理论研究两个方面。在实证研究方面,学者们集中探讨了环境规制的绩效、环境规制的影响、波特假说检验以及污染天堂假说检验等,这些研究主要将环境规制视为给定的外生冲击或一种制度环境,而没有对环境规制本身的决定因素进行分析。在理论研究方面,以往研究侧重于环境规制基础理论、环境联邦主义理论、环境规制策略以及规制机制设计等,而对于环境规制实施,缺乏有针对性的、符合现实的深入研究。

本书拟在环境规制领域有所突破,基于规制经济学、环境经济学、管理学和政治学等学科的理论与方法,以环境规制实施为着力点,以建立模型和实证研究为主要手段,丰富环境规制研究的理论体系。具体而言,本书充分依靠制度背景,结合规制理论、环境规制理论和规制行为理论建立环境规制实施均衡模型;通过深入分析环境规制实施过程中相关主体的互动关系,探究环境规制实施的影响因素和途径;在此基础上提出有利于环境规制实施强度提高的政策建议和制度安排;最后通过环境规制激励机制设计促进环境与经济的协调发展。

1.2.2　研究意义

在理论价值方面,首先,财税体系研究是分析转型时期各种经济和社会问题的重要切入点,对财税体系模式的特征研究和理论研究,有助于深入理解经济增长现象与包括环境污染在内社会经济问题,有助于探究环境污染问题的根本原因,从而完善财税体系模式理论的知识体系。其次,财税体系下的环境规制均衡模型可以将影响环境规制实施的制度因素、规制政策因素以及污染削减技术因素等置于一个统一的分析框架,从而构建了符合现实的环境规制理论框架和研究范式。最后,以环境规制实施强度的测量作为实证分析的基础,有助于对环境规制实施的深入理解,从而提高环境规制实施研究结论的准确性和说服力,也能为完善环境治理制度提供基础性条件。

在应用价值方面,污染问题难以得到遏制反映出环境规制失灵,耶鲁大学和哥伦比亚大学联合发布的世界环境绩效(environmental performance index, EPI)排名,一定程度上反映了相对较弱的环境规制实施强度[11]。实际上,环境规制实施强度才能真正代表环境规制的严格程度[12]。解决环境污染问题的可行而有效的手段就是提高环境规制实施强度。本研究有利于更加清楚地区分环境规制制定与环境规制实施,通过对环境规制实施的影响因素与影响途径分析,有助于规范环境规制实施行为、强化政策执行力、提高环境污染治理效果,从而为财税体系和环保制度建设提供理论支持,进而为经济的可持续发展提供更具操作性的政策参考,因此具有重要的现实意义。

1.3 核心概念的内涵

1.3.1 财税体系

所谓财税体系,是指以提供更多更好的服务为目的,给予下级部门一定的税收权力和支出责任,并允许其自主决定预算支出的规模与结构,使其能自由选择其所需要的政策类型,积极参与社会管理,更有效率地提供当地居民所需要的公共品和服务,最终所形成的财税政策结构与模式。由于经济环境、政策工具和社会文化等方面的差异,不同国家的财税体系表现形式也不尽相同。钱颖一把财税体系划分为不伴随权力下放的行政代理、权力下放和完全的分散化。不伴随权力下放的行政代理是程度最低的形式,仅仅把贯彻执行的任务下放主管部门,不赋予制订计划和选择政策的权力。完全的分散化是财税体系程度最高的形式。权力下放属于在层级体系内部进行划分,程度介于两种极端类型之间[13]。

财税体系主要是指相对分散的财税结构模式,其核心内涵为经济灵活与行政管理体制紧密结合。钱颖一等学者较早提出了"财税体系模式"的概念,并指出改革硬化了国有企业的预算约束,推动了经济的增长和转型[14]。从 20 世纪 70 年代的放权让利到 20 世纪 80 年代的分灶吃饭,再到 20 世纪 90 年代的分税制改革,经济灵活既是财政体制改革的要点,也是改革的突破口。主管部门对辖区内经济事务具有首要权责,各级间按一定规则划分收入权利和支出责任。要素流动下的竞争确立了"保护市场的财税体系"[15]。经济灵活还不足以构成经济发展的全部激励,有关财税体系的文献习惯将经济发展绩效进行比较。Blanchard 等强调了转型过程中的经济发展绩效差异,指出对主管部门官员的考核机制才是转型进程中有良好表现的关键因素[16]。标尺竞争是指处于信息弱势的选民会参考其他地区行为表现评价自己所在地区的状况。总之,具有一定特色的财税体系[17],其本质是经济改革先行、体制改革跟进的渐进过程的一种表征。

1.3.2 规制

现实中市场机制存在的各种缺陷(自然垄断、人为垄断、公共品、外部性、信息不对称),使市场自身不能完善地发挥资源配置作用,因此需要市场外力量进行矫正才能实现帕累托改进。矫正市场缺陷的干预方式有很多,区别于宏观调控(财政、货币政策)的决策参数间接干预,规制是一种更为直接的干预。可以把规制理解为存在于计划与自由市场之间的一项干预经济活动的制度安排,其本质是对规制客体为实现自身效用最大化而损害社会福利行为的限制。

由于研究视角、学术主张和学术偏好等方面的差异,学者们对规制一直有着不

同的理解和表述,至今尚未形成统一的、权威性的定义。植草益认为,规制是社会
公共机构依照一定的规则对企业活动进行限制的行为[18]。史普博认为,规制是由
行政机构制定并执行的直接干预市场配置机制或改变企业和消费者的供需决策的
一般规则或特殊行为[19]。王俊豪认为,规制是具有法律地位的、相对独立的规制
者(机构),依照一定的法规对被规制者(主要是企业)所采取的一系列行政管理与
监督行为[20]。于立等认为,规制是微观经济管理职能,旨在为市场运行及企业行
为建立规则,弥补市场失灵,确保微观经济的有序运行[21]。谢地等认为,规制包括
了规制主体对规制客体(各类微观市场主体)所进行的一切限制和监督[22]。

从以上规制定义中可以归纳出共性的构成要素:规制主体(规制机构),规制客
体(企业或个人、微观经济主体),规制目的(解决"市场失灵"、维持市场秩序、促进
市场竞争、扩大公共福利),规制依据(制度、法规、规章),规制手段(干预、控制、限
制、规范、调节)。根据这五个构成要素,本书将规制定义为规制主体为了达成一定
的规制目标,依照所制定的法律法规,对微观经济主体主要是企业,所实施的干预、
控制、限制、规范和调节行为。

按照规制的性质和内容,规制可以分为反垄断规制、经济性规制和社会性规
制。反垄断规制是以鼓励竞争为目的利用法律手段对人为垄断(行政性垄断、不正
当并购、串谋)的限制和规范。经济性规制是对企业损害消费者经济福利行为的限
制和规范,主要包括:对具有自然垄断特征的产品或服务进行的价格规制,通过发
放许可证或制定进入标准对企业进入和退出某一产业进行规制,对企业所供给产
品的质量和数量进行规制。社会性规制是对企业损害消费者或劳动者安全、健康
等行为的限制和规范,主要包括环境规制、食品规制、安全规制、药品规制。

1.3.3 环境规制

作为社会性规制中的一项重要内容,赵红认为,环境规制是指由于环境污染具
有外部不经济性,通过制定相应的政策与措施,对企业的经济活动进行调节,以达
到保持环境和经济发展相协调的目标[23]。于文超将环境规制界定为,为实现环境
保护与经济发展"双赢",通过制定相应政策措施,对经济活动主体行为进行调节规
范,同时对环境污染破坏行为进行禁止、限制的管理活动[24]。王文普则把环境规
制理解为,为了保护环境而采取的对经济活动具有影响的一系列措施[25]。

赵玉民等总结了前人关于环境规制的定义,认为环境规制一直是以环境保护、
实现人与自然的和谐发展为目的,以个人或组织(企业)为规制客体,但由于环境规
制工具的不断丰富和扩充,以及规制主体的变化,环境规制的概念也在不断发展和
完善。比如,在命令控制型规制工具下,环境规制是指以非市场途径对环境资源利
用的直接控制。随着环境税、补贴、押金退款等激励型规制工具的运用,环境规制
则被认为是对环境资源利用的直接控制和间接干预。而后,生态标签、环境听证、

环境认证、环境协议、环境审计等自愿型规制工具的运用,使环境规制的概念再次被修正,环境规制被认为是对环境资源利用直接和间接的干预,或者企业和产业协会自觉遵守的环境资源利用规则。在环境规制概念的发展过程中,始终未变的就是其"约束性力量"的特征[26]。

命令控制型环境规制和激励型环境规制的实施主体为规制主体,自愿型环境规制的实施主体为企业、行业协会、社区或其他主体,本书研究主题为环境规制实施,因此不将自愿型环境规制纳入研究范围之内。笔者认为赵玉民等提出的"约束性力量"能够从本质上概括环境规制的含义,因此将环境规制界定为,为了达到保护环境的目的,规制主体利用环境规制工具对个人或组织(企业)的经济活动和负外部性行为所施加的约束力,具体形式包括直接干预、间接调节以及规范和限制等。

1.4　研究内容和方法

1.4.1　研究内容

本书从理论和实证两方面入手,围绕环境规制实施,以"建立理论框架→均衡模型构建→演化博弈分析→影响因素及影响途径实证→环境规制管理对策"为线索,展开系统研究。全书的章节及主要研究内容如下:

第 1 章　导论。介绍研究背景、研究问题、研究目的和意义,对财税体系与环境规制实施的相关概念进行理论梳理,据此界定本书相关概念的内涵与外延。

第 2 章　环境规制实施文献综述。系统梳理有关财税体系及环境规制理论研究的文献,并对已有研究进行评述,在此基础上简要分析本研究的必要性和创新性。

第 3 章　环境规制实施相关理论。介绍环境规制实施研究的相关理论,对财税体系理论、规制理论、环境规制理论与规制行为理论进行文献分析,最后基于上述相关理论从整体上提出本书理论逻辑框架。

第 4 章　环境规制实施体制分析。介绍环境规制实施政策体制,主要包括法律体系、管理机构、规制体制和规制工具等方面。

第 5 章　环境规制实施均衡分析。归纳提炼规制主体目标函数,基于规制利益集团理论的 Stigler-Peltzman 模型,以排污收费制度为例构建环境规制实施均衡模型,同时基于构建的模型,详细考察制度因素、环境规制政策标准、治污补贴和污染削减技术创新对环境规制实施强度的影响。

第 6 章　环境规制实施演化博弈分析。以环境规制实施为基点,在有限理性的前提下,分别构建规制主体与排污企业、规制主体与监督主体以及规制主体与规制主体之间的演化博弈模型,探讨环境规制实施决策演化过程,并根据复制动态方程考察各参与者的行为演化规律和演化稳定策略,最后对环境规制实施策略的影响因素和影响途径进行分析讨论。

第7章 环境规制实施实证分析。根据前面章节的理论分析结论,构建环境规制实施影响因素的概念模型,依据调查研究收集的数据实现环境规制实施强度及其影响因素的定量化,最后运用结构方程模型对环境规制实施影响因素进行实证分析。

第8章 环境规制实施管理对策与激励机制设计。从完善财税制度,完善环境规制体制,优化考核机制与监督、惩罚机制并行以及科学制定环境规制政策标准与制度建设并行等方面建立政策体系,强化环境规制管理,提高环境规制实施强度。同时,建立环境规制实施中的多任务委托-代理模型,分析环境规制相关因素对最优激励契约的影响,为促进环境与经济的协调发展提供具有操作性的机制设计方案。

1.4.2 研究方法

1.文献研究

国内外的相关文献是把握知识脉络、寻求理论创新的基础。通过广泛搜集整理国内外相关文献资料,对各类期刊论文、学术著作、学位论文、专题研究报告等进行研读、分析、归纳和总结,本书界定了相关概念,回顾了财税体系研究成果与环境规制理论的研究成果,梳理了财税体系理论、规制理论、环境规制理论与规制行为理论。

2.定性分析和定量分析相结合

定性分析偏重于经验推断和逻辑演绎,能够对研究对象的性质、特点、发展变化做出判断;定量研究主要采用数学工具进行量化计算,能够描述社会现象的相互作用、把握问题的客观实在性及其变化规律。定性分析是定量分析的基本前提,没有定性的定量是一种盲目的、毫无价值的定量;定量分析使定性分析更加科学、准确,它可以促使定性分析得出广泛而深入的结论。本书中,基础理论框架的确定、环境规制实施均衡模型的构建以及环境规制实施的演化博弈分析等内容需要运用定性分析的方法,而环境规制实施强度及其影响因素的测量以及基于结构方程模型的实证检验等内容需要运用定量分析的方法。

3.理论研究与实证研究相结合

环境规制实施均衡分析与环境规制实施的演化博弈分析是在不同假设前提下、不同视角下对环境规制实施影响因素的理论分析,这种尝试对构建环境规制实施理论框架是必要的,而且是具有一定开创性的。理论研究的生命力来自实证研究的支持,对环境规制实施强度及其影响因素的测量以及对环境规制实施影响因素的实证检验,都离不开数据分析、结构方程模型分析等实证研究的佐证。

4.博弈论

博弈论研究决策主体行为相互作用时的决策以及决策的均衡问题,环境规制实施过程也是利益相关方的博弈过程,正是在这样的行为互动中,环境规制实施呈现出了规律性特征。本书构建的演化博弈模型能够在有限理性条件下,从系统的角度全面考察影响环境规制实施策略的各种因素,因此,博弈论的引入能够增强研究结果的真实性和可信度。

1.5 本章小结

本章介绍了全书的研究背景,并基于研究背景提出了研究问题和研究目的;在从理论和应用两方面指出本书的研究意义之后,分别界定了财税体系、规制和环境规制的概念;最后,全面阐述了本书的主要研究内容和采用的研究方法。

第 2 章　环境规制实施文献综述

2.1　财税体系研究

财税体系模式研究为分析激励机制问题以及理解改革开放以来的经济现象提供了简单且统一的分析框架[27]。财税体系模式虽然是经济高速增长（收益）的重要原因之一[28-29]，但其带来的社会经济问题（成本）也不容忽视。学者们分别从市场分割[30]、重复建设和地区产业结构趋同[31]、地区间差异和城乡差异加大[32]、环境保护和劳动力保护滞后[33]、公共品提供不足[34]、侵害公共物品[35]等方面，对可能导致的短视问题、保护问题、"竞次式"竞争问题等进行了剖析，并尝试给出解决方案。

根据本书的研究内容，以下仅对财税体系与环境问题方面的相关研究进行回顾。两者似乎没有直接的关系，但不可否认的是，通过引入激励改变了环境规制实施行为，可能会干扰正常的环境管理。Farzanegan 等就认为，财税体系问题不仅会对环境质量产生影响，而且还会在不同条件下对环境质量产生不同的影响[36]。近些年来，有学者开始关注财税体系问题与环境污染之间的关系，大多数研究结果认为其对环境质量有负面影响。

在 2007 年中国人民大学的宏观经济报告中，杨瑞龙等使用 1996—2004 年的省级面板数据检验了财税政策与环境质量之间的关系，发现其对环境质量具有明显的负面影响。郑周胜等利用省级面板数据分析财税体系与环境污染的关系，认为其不利于削减污染排放量[3]。杨俊等通过建立一个包含污染排放量的环境数据包络模型，发现其对环境质量有显著负面影响[37]。张克中等在从碳排放角度考察财税体系与环境污染的关系时发现，其与碳排放量存在正相关关系[38]。刘琦同时检验了财税体系对环境污染和治污投资的影响，结果发现其对排污量存在正向影响，另外还会降低对环境治理的投资，因而加重了环境污染[39]。

环境治理具有正外部性特征，一个地区的治污行为往往也会带来周边地区的环境改善，使其不愿进行污染治理[40]。Wilson 和 Rauscher 认为，争夺企业资源、拓展税基获得区域优势的行为，会主动降低税负或者降低环境标准[41-42]。税收竞争，在公共品提供效率、促进经济增长以及市场经济秩序建立等方面发挥了积极作用，但不规范的税收竞争也会造成负面影响[43]。崔亚飞等运用 1998—2006 年的省级面板数据对上述理论进行了验证,发现竞争过程中存在污染治理投入的趋劣现象[44]。杨海生等使用空间计量方法证实,为了吸引流动性要素(如外来投资、劳动力)而采取攀比的竞争性环境保护政策,是导致环境状况逐年恶化的原因之一[45]。朱平芳等分别从理论和实证两个方面揭示了为保持相对优势而采用竞相降低环境标准的方式吸引外商直接投资(FDI)的事实[46]。李猛分析了环境污染事件频发的原因,认为出于辖区经济增长的需要,竞争行为将导致环保的"软约束"[47]。张文彬等研究了竞争对环境规制强度的影响,研究表明,1998—2002 年,环境规制强度的竞争以差别化策略为主;2004—2008 年,环境规制的竞争行为趋优,逐步形成了"标尺效应"[48]。

2.2 环境规制理论研究

2.2.1 环境规制基础理论研究

国外学者对环境规制的基础理论研究主要集中于规制工具的选择方面,Laffont 从信息不对称角度研究了规制工具的选择问题,在同时存在规制者与生产者以及规制者与消费者之间的信息差异时,对污染者的价格规制和对消费者的价格规制中总有一种优于数量规制,而当治污边际成本曲线和边际收益曲线的斜率和截距受信息差异影响时,数量规制可能优于价格规制[49]。Crew 等回顾了环境规制工具的理论基础和发展历程,指出基于市场的激励型规制工具的设计和开发,对规制成本的缩减和环境问题的解决具有重要意义[50]。Blackman 等指出,在发展中国家,可交易许可证是不切实际的,而略作调整的排污费则具有更好的应用前景。如果能够克服现实阻碍,对商品征收环境税也不失为一个较好的规制工具[51]。Kemp 等以盲人与象的比喻指出,通过对环境规制工具进行合理设计可以保证相关政策的严格性[52]。Gray 等指出,对违反环境规制行为的惩罚基本上是所有工业化国家污染控制政策的组成部分,有效的污染控制政策必须辅以不定期的环境监察与制裁[53]。

国内研究方面,李郁芳基于公共选择理论对环境规制的外部性进行了分析,环境规制的外部性既表现为不同利益群体之间的财富转移,还体现在成本或收益的区间和代际溢出上[54]。李项峰对环境规制的理论范式进行了经济学分析,认为环境规制的本质就是各种利益群体的行为约束下对环境所有权的再分配过程[55]。张学刚考察了外部性理论的发展以及环境规制工具的演变,发现环境规制工具是随人们对外部性认识的深化而不断演进的[56]。赵敏考察了环境规制理论的变迁过程,总结了环境规制的经济学理论依据[57]。张文彬等探讨了混合治理结构下环境治理成本在各层级间的分担方式问题[58]。胡元林等基于企业成长周期理论,从研发及生产、环境治理投入、污染治理措施以及环境战略决策等方面分析了不同发展阶段环境规制对企业行为的影响[59]。此外,一些学者还对环境规制失灵问题进行了理论分析。魏玉平将环境规制失灵划分为内生性规制失灵、外生性规制失灵和体制性规制失灵,认为失灵的主要原因是环境规制立法、执法和司法体制存在障碍[60]。吴卫星指出,公众与企业在参与环境决策和诉讼中的失衡,环境保护主管部门与经济主管部门在规制权力上的失衡,以及环境利益与经济利益在互相竞争中的失衡导致了环境规制失灵[61]。曾丽红的制度分析研究表明,环境规制失灵是治理结构、绩效评价以及产权安排不完善的结果[62]。

2.2.2　环境规制行为研究

自从 Cumberland 第一次从规制主体行为角度研究环境问题以来,而后出现了一批围绕规制主体行为展开的环境规制研究[63]。Oates 等通过理论模型分析得出,只有主管部门真正代表选民利益,将选民的偏好纳入自身的目标函数时,才会有动力改进当地的环境质量[64]。Revesz 认为,落后的国家和地区面对现实的需要,往往没有动力提高环境规制标准[65]。Grossman 和 Krueger 的环境库兹涅茨曲线(EKC)除了反映出环境污染与经济增长之间的矛盾关系以外,其含义也包括了在经济落后时对环境政策的弱偏好。Burby 等指出,具有理性经济人特质的官员,往往倾向于操纵环境政策目标,使其与自己偏好的结果相一致[66]。Heyes 等、Colson 等在考察环境监督机构的规制效率时发现,不同的驱动因素(实现目标驱动或预算驱动)对规制效率的影响有着显著差别[67-68]。除了目标函数问题,学者们还考虑到了腐败因素。Fredriksson 等利用 1990 年 63 个发展中国家和发达国家的截面数据,通过分析发现腐败是降低环境政策执行程度的决定性因素[69]。李后建通过构建理论模型阐明了腐败对环境政策执行质量的影响机理,并通过实证分析得出腐败会弱化环境政策执行质量[70]。

在以主管部门为对象的研究中,Skinner 等研究了我国改革开放以来角色转变对环境规制决策的影响,资源配置的优先权在诸多备选方案中权衡,在经济和环境中所处的相对位置以及下级部门的人际关系、制度条件和客观状况强烈影响着规制主体的决策选择[71]。Ljungwall 等以 1987—1998 年省级面板数据为样本的研究显示,经济发展落后更倾向于以牺牲环境为代价吸引 FDI[72]。孙海婧对环境规制实施中的短期行为进行了研究,发现在有限任期内,以经济增长为考核指标的晋升激励形成了官员特有的“生命周期”,造成主管部门与经济社会代际结构的不一致,从而导致了规制主体在环境规制中的短期行为[73]。王怡针对各级职能部门之间的环境行为,分析了环境规制路径依赖的影响因素[74]。姚圣使用弹簧模型证实了规制主体与企业之间的关联缓冲导致环境政策的执行效果不佳[75]。

2.2.3 环境联邦主义理论研究

环境保护责任的划分问题,是 20 世纪 70 年代以后兴起的环境联邦主义研究的主要议题。具体来讲,环境管理是应统一管理、设立统一的环境标准,规制主体只是起到执行的作用,还是应由规制主体设立自己的标准,根据其辖区的具体情况自主管理本地区的环境事务。

Stewart 认为,基于以下几个原因应对环境事务统一进行管理:①地区间环境规制扑向底层的竞争将会造成环境恶化;②当污染排放跨区域时,会有过度的环境破坏;③环境保护者和污染利益集团的影响在规制主体层面存在不对等[76]。Gillroy基于博弈理论分析了美国和加拿大环境政策选择逻辑,研究发现美国环境联邦主义是基于囚徒困境战略,而加拿大则基于调节对抗战略[77]。Breton 等也认为,可以通过地区之间的协调和合作来解决外部性问题,因而不需要权威就可以将外部性内部化[78]。Oates 等的观点则更为折中:环境污染是公共产品,主管部门更能了解辖区居民的偏好并提供更令人满意的环境治理,因此对这类环境污染的治理应该由主管部门实施,而那些具有跨地区溢出效应的环境污染和具有纯公共品性质的环境污染的治理则需要统一公共干预[79]。Andrew 认为,当辖区获得的收益更高时,美国州政府会比联邦政府采取更严格的措施来控制空气污染[80]。Banzhaf 等则进一步指出,公共品供给的边际成本曲线越凸,主管部门对空气污染的治理更能提高福利水平;公共品供给的边际成本曲线越凹,主管部门对空气质量的治理更能提高福利水平[81]。李伯涛等对环境联邦主义理论的相关研究做了详细的综述,指出该理论的研究成果对各级规制主体应在环境保护中发挥何种作用具有重要的启示意义[82]。

2.3 环境规制策略研究

自从 19 世纪 80 年代 Harding 利用非合作博弈揭示了环境恶化是一种"公地悲剧"以后,博弈论逐渐被广泛应用于解决各种环境问题。以下从完全理性和有限理性两个方面,对以往研究进行回顾。

2.3.1 完全理性

有关环境规制策略的研究,学者们最初关注的是环境规制对于企业策略的影响。Tsebelis 利用非合作博弈理论研究了惩罚机制对环境违法对象的影响,发现加大罚款力度仅仅降低了执法力度,并不能降低企业违法频率[83]。Damania 利用重复博弈分析了规制主体环境法规对需求不确定条件下垄断企业策略的影响,结果表明征收排污税将会影响企业的财务结构并降低企业的市场竞争力[84]。

Moledina等构建了信息不对称条件下的动态博弈模型,发现企业会采取不同的策略行为应对不同的政策工具[85]。Macho-Stadler 在环境监管部门抽查率一定的条件下,比较分析了各种环境规制手段对企业策略的影响[86]。蒙肖莲等把环境管理看作是企业对规制主体相应政策的博弈,通过鼓励污染处理或就地污染最小化,可以达到对企业行为的理性控制[87]。邓峰分析了在规制不完全执行的情况下规制主体与企业之间的互动关系,研究发现在存在贿赂的情况下,企业的最优产出量将增加、最优削减和上报的排放量会下降[88]。张学刚等在对规制主体监管与企业治污的博弈分析中引入了声誉成本、行政成本等非物质成本,研究认为减少规制主体因企业污染带来的收益、加大对企业污染的监管和处罚有助于环境质量的改善[89]。但是,张倩等的博弈研究发现,监管强度并不能直接影响企业的排污水平,真正影响企业环境策略的是排污税率、谎报罚金等指标,以及企业自身的排污技术水平和排污谎报带来的声誉损失[90]。

在有关合谋与寻租的策略互动研究方面,Mitra 分析了寻租腐败行为对环境污染造成的影响,提出规制主体与企业合作会增加污染排放量、提高环境库兹涅茨曲线的拐点[91]。张颖慧等的博弈分析验证了以上结论,在一定的条件下,合谋可能是环境监管中企业与规制主体的最优选择[92]。王珂等系统分析了排污权有偿使用政策的制定、实施和延续过程中可能存在的寻租途径,针对三种逃避付费类寻租行为构建了规制主体、排污企业和公众的三方博弈模型[93]。而后,相继又有学者从博弈分析以及合谋条件的角度,对寻租行为的消除和监管效率的提高提出了对策和建议[94-95]。

随着研究的深入,规制主体的策略行为也开始受到关注。Kennedy 对不完全竞争市场下环境决策的非合作博弈进行了分析[96]。Akihiko 运用微分博弈模型对国际双寡头在环境污染治理上的博弈策略进行了研究[97]。Fujiwara 等通过建立动态博弈模型研究了对外贸易与越界污染之间的关系[98]。Sandler 从代际维度研究了环境规制的策略选择,指出具有短期行为倾向的企业在环境规制中通常采用"搭便车"的策略[99]。崔亚飞等研究了污染治理的策略问题,研究显示,在不同的社会福利取向和环境效应权重下,社会福利目标直接决定着环境污染治理策略[100]。在绿色经济的视角下,Sun 等对利益相关者的互动关系进行了博弈分析,研究发现利益相关者以放松环境规制为手段争夺 FDI[101]。易志斌建立了环境保护投资博弈模型,探究了竞争对流域水环境保护投资的影响[102]。

2.3.2　有限理性

为了使研究更加贴近现实,近年来,逐渐有学者开始采用有限理性条件下的演化博弈理论和方法来分析环境污染问题。卢方元建立了企业之间、环保部门和企业之间的演化博弈模型,研究发现,当企业不治污的收益大于治污的收益、环保部门对不治污企业处罚力度过轻或对企业进行监测的成本过高时,环境污染必然发生[103]。蔡玲如等利用系统动力学建立了环境污染管理中规制主体部门与排污企业之间的混合战略演化博弈模型,从而为演化博弈理论的验证和应用提供了政策仿真的实验平台[104]。Suzuki 等将公众社会压力作为动态选择机制的影响因素,利用演化博弈分析了湖泊污染问题,讨论了各种社会因素对不同利益群体合作演化的影响[105]。申亮运用演化博弈分析工具,揭示了规制主体与企业之间在环境保护中相互促进、相互制约的复杂关系,得出了促使企业积极投资环境保护的要点[106]。袁芳以不同代际涉海类企业行动可调整性、监管以及系统参数动态变化为出发点,构建了减排约束下近海海域环境规制的演化博弈模型,并对各利益主体之间的策略稳定性和演化过程进行了推演和证明[107]。朱兴龙通过演化博弈模型对规制主体和企业的行为进行了分析,强调了环境规制中对企业激励、监督和惩罚的重要作用[108]。彭文斌等运用演化博弈方法对公众与污染产业之间相互作用时的策略选择进行了分析,揭示了污染产业转移的深层次原因[109]。顾鹏等建立了环境监管机构和排污企业群体之间的演化博弈模型,发现过高的违法排污额外收益以及环境监管机构的不严格监管等因素都会使系统向不良状态演化[110]。

2.4 环境规制机制设计研究

环境规制中的一个主要问题就是规制者和被规制者之间的信息不对称,而机制设计理论恰恰为解决该问题提供了思路[111]。20 世纪 70 年代末、80 年代初,委托-代理理论开始被引入规制的决策分析当中,规制主体和规制客体分别被视为委托人和代理人,最优契约设计决定了最优规制政策,激励规制理论逐渐兴起[112]。在此背景下,为了提高环境污染的治理效果,国内外众多学者针对环境规制的机制设计问题展开了研究。

Vogelsang 和 Finsinger 在成本、需求信息都不对称且不能对企业提供补贴的条件下,提出了最优激励机制 V-F 方案,为了避免受规制企业夸大自身成本,他们又提出了改进的动态机制 F-V 方案[113-114]。Dasgupta 等证明了利用机制设计能够使污染控制达到帕累托最优水平[115]。Xepapadeas 利用机制设计理论提出了环境规制中罚金与补贴相结合的合约[116]。Heyes 指出,尽管机制设计中罚金的大小影响超标排污的决策,但是一旦企业作出了超标排污的决策,超标的程度就只与惩罚函数的边际性质相关[117]。Balkenborg 在逆向选择和代理人有限责任下讨论了环境规制问题[118]。Dasgupta 等通过使企业的税收支付同时基于自身报告值和其他企业报告值,促使"说真话"成了环境规制中企业的占优策略[119]。王永钦等在非对称信息下,分析了作为委托人的规制主体该如何对作为代理人的污染企业进行最有效规制的问题,针对逆向选择和代理人有限承诺并存的情形,给出了规制契约的形式[120]。薛澜等构建了委托人规制主体-监察者公众-代理人企业的三层委托-代理分析模型,对没有公众参与、公众事后参与、公众事前参与和赋予公众环境损害赔偿权等不同参与模式的治理效果进行了对比分析[121]。薛红燕等将环境规制划分为规制合约的设计与选择、执行与监管两个阶段,构建了多阶段的委托代理模型,考察了合约设计和监管、环境规制机构与企业合谋的因素[122]。基于最优契约设计的视角,李国平等剖析了最优环境规制及其波动,并且讨论了第三方引入的作用[123]。

2.5　相关研究述评

以往环境规制的相关研究不仅完善了规制研究的理论框架,而且也为环境污染问题的解决提供了各种各样的方法。这些成果为我们展开后续研究提供了坚实而宽广的理论基础,同时也指明了未来研究的努力方向。虽然环境规制的理论研究取得了丰硕的成果,但是,为构建一个相对统一的环境规制理论框架而进行的探索还远没有结束。纵观环境规制理论研究的进展,现有研究在以下几个方面还有待进一步的思考和完善。

第一,虽然经验分析和影响因素分析可以对环境污染问题做出解释,但却难以提出具有可操作性的治理建议。现有关于财税体系对环境质量影响的研究主要对其与污染排放量进行了相关性分析,在影响机制上,也只考虑了竞争,缺乏对现象背后各种因素全面、细致、深入的思考。在财税体系下对环境规制实施展开系统的分析,并以此作为环境污染问题内在机理研究的切入点,这种研究视角不仅是可行的而且是必要的。

第二,环境规制的基础理论研究侧重于产权不明晰和负外部性、成本收益分配、规制工具设计以及规制失灵等传统的理论分析,环境联邦主义理论研究也主要探讨了环保责任的划分问题,而对于环境规制实施,以上两个方面都缺乏针对性的深入研究;环境规制行为研究注意到了环境规制缺乏效率,环境规制中的策略行为、短视行为以及路径依赖等特征,并且从规制主体偏好、经济发展水平、任期限制等角度阐释了规制行为的影响因素,但是对规制的制定和环境规制实施行为并未做出明确的区分,致使环境规制行为难以被准确刻画和测量,而且对环境规制实施也缺乏系统、全面的分析。因此,有必要充分借鉴规制理论和环境规制理论,结合环境规制体制,构建系统规范的环境规制理论框架,据此对环境污染问题的内在逻辑以及环境规制系统的要素结构与联系做出解析。

第三,环境规制策略研究方面,在研究内容上,以往研究主要关注环境监管下的企业策略、规制主体与规制客体的合谋。国外研究规制主体之间的互动,较多地将重点放在了环境污染的治理方法和越界污染治理方面,国内研究规制主体之间的互动,则侧重于规制主体偏好和竞争对环境治理的影响,关于环境规制实施策略行为及其影响因素等问题的研究则相对匮乏。在研究方法上,以往研究多以博弈方完全理性为基本假设,但现实中完全理性难以达到,博弈方的策略选择往往是不断学习和调整的结果。虽然目前也有一些学者基于有限理性对环境污染问题进行了分析,但是在研究内容上,绝大多数研究仍然强调规制主体对企业的制约,从而忽视了环境规制实施行为。以有限理性为前提,以规制策略行为为焦点,从动态演化的角度分析环境规制系统中相关主体的行为互动机制,则可以更加贴近现实地考察环境规制实施的影响因素与影响途径。

第四,以往的环境规制机制设计研究主要强调运用机制设计方法激励和约束排污企业行为,而且一般只考虑了代理人从事一种活动的情况,所以得出的结论较为有限且很难与现实相符。规制主体行政职能具有多任务特点,使用多任务委托-代理模型会更加符合实际。已经有学者在多任务委托-代理框架下对一系列问题进行了研究,但是只有少数学者运用多任务委托-代理理论对环境治理问题进行了研究,而且在研究中不仅缺乏对环境规制主体行为的关注,同时也忽视了委托人的主观因素对最优激励契约的影响。因此,为了促进经济与环境的协调发展,通过构建环境规制实施的多任务委托-代理模型,分析环境规制相关因素(主观因素和客观因素)对最优激励契约的影响,也是本书的一个侧重点。

2.6 本章小结

本章从财税体系研究、环境规制理论研究、环境规制策略研究和环境规制机制设计研究四个方面回顾了以往相关研究,并对以往研究进行了评述,指出了以往研究的不足之处以及本书的研究指向和侧重点。

第二篇

理论研究篇

第 3 章　环境规制实施相关理论

3.1　财税体系理论

按照新古典经济学原理,市场完全能够根据居民的偏好、产品和服务总量以及资源禀赋供给公共品,从而实现社会福利最大化。但是"分散性知识"理论强调,规制主体层面的信息优势以及居民偏好的地域异质性有助于公共品供应质量的改善,在这样的背景下,财税体系理论逐渐产生。

Tiebout 于 1956 年发表的《地方支出的纯理论》,标志着第一代财税体系理论的诞生。作为公共经济学的基准模型,Tiebout 模型假定居民和资源可以完全流动,具有相同偏好和收入水平的居民会自动聚集到某一主管部门周围,同时,居民可以"用脚投票"的方式迁移到自己满意的地区,竞相吸引选民且按选民的要求供给公共品(包括高质量的环境),从而和不同偏好的居民得以匹配,并达到帕累托最优[124]。

Richard 从财税三大职能出发,分析了主管部门存在的合理性和必要性,财税体系通过税权在各级部门之间的分配固定下来,从而赋予主管部门相对独立的权力。主管部门更适合根据各地居民的偏好进行资源配置,更有利于提高公共品的供给效率和分配的公正性,但只有当税收权利和支出责任相对应时,才能改善公共福利[125]。Oates 则考虑到如果统一供给公共品,那么它只能提供同质的公共品,并在此基础上进一步提出了划分定理:限制条件下由主管部门提供某种公共品的效率要更高;当主管部门为辖区内选民提供公共品的边际成本与为全体选民提供公共品的边际成本相等时,该状态达到帕累托最优[126]。

而后,学者们分别从信息优势、公众监督和标尺竞争等方面对财税体系制度给予了充分的肯定[127-128]。第一代财税体系理论以公共利益为前提,研究范围基本限于发达经济体,其核心观点为该理论可以提高公共品的质量、效率和分配公平程度。

第一代财税体系理论研究主要集中于原因,侧重对公共品供应进行规范化分析,进而关注最优政策的确定,没有具体说明机制。20 世纪 90 年代中期兴起的第二代财税体系理论将委托-代理和公共选择等理论研究方法引入框架。该理论认为有效的激励结构应该使官员和居民福利之间实现"相容"[129]。在研究内容上,第二代财税体系理论不再讨论如何合理安排公共品的提供责任,而是更加注重从财税体系模式和影响两个方面展开实证研究。第二代财税体系理论着重强调提供激励去推动转型和增长。经济增长必须找到微观机制的解释和支持,而财税体系则是最重要的因素之一。在解读"经济奇迹"的过程中,Qian 等首先认为"多层次多地区式(multi-layer-multi-regional)"的"深度 M 型结构(Deep M-form hierarchy)"特征,形成了强有力的激励机制,同时推动了市场经济发展[130]。Walder 进一步指出,"深度 M 型结构"下独立经济利益和经济事务管辖权责,为现代企业理论在"财税体系模式"研究中的引入准备了理论条件[131]。在此基础上,Montinola 等学者正式提出了"保护市场的财税体系",从理论层面对"财税体系模式"的基本特点进行了总结,特别强调了其在保护市场方面的基础性作用[132]。

此后的若干研究结合 1994 年分税制改革等新形势进行了更新和发展。其中,Qian 等强调"硬预算约束"发挥了积极作用[133]。Cai 等提出,主管部门在具有辖区内经济事务管辖权的同时,保持领导权威是财税体系模式能够发挥积极作用的另一必要条件[134],考核机制是基本特征[135],使其有非常强烈的意愿促进经济的快速增长[136]。Tsui 等指出,"标尺竞争"构成了发展经济的直接动力,为"财税体系模式"理论提供了微观层面的解释[137]。

3.2 规 制 理 论

3.2.1 公共利益理论

为了给新的规制理论寻找一个基准点,在总结传统规制理论的基础上,Posner 首次提出了公共利益理论(public interest theory of regulation)[138]。规制公共利益理论是指当市场失灵出现时,规制在理论上有可能带来社会福利的提高。如果自由市场在有效配置资源和满足消费者需求方面不能产生良好绩效,则将规制市场以纠正这种情形。这暗示着规制主体是公众利益而不是某一特定部门利益的保护者,不被规制的市场运行会导致低效率或不公平,不能达到帕累托最优。规制是源于公共需要,是从公共利益出发而制定的规则。规制的动因是应对市场失灵,规制的目的是通过提高资源配置效率、提高分配的合理性和公正性,增进社会福利,最大化公众利益[139]。比如,垄断者利用其垄断地位操纵价格、限制产量、影响经济效率、损害社会公众的利益,因而反垄断规制是为了提高公众利益;在自然垄断情况下,进入规制只允许一个厂商进行生产,这符合生产效率要求,而价格规制能约束厂商制定出社会最优价格,这符合资源配置效率要求,因而进入和价格规制提高了公众利益;公用事业领域的产品质量问题和破坏性竞争损害了社会公众的利益,因而相关领域的经济性规制是为了提高公众利益;企业生产活动的负外部性以及市场经济中的信息不对称对环境质量安全、社会公众的健康产生了不良影响,因而社会性规制是为了提高公众利益。公共利益理论是对规制目的的最初认识,也是传统规制政策设计的理论基础。

3.2.2　利益集团理论

早在 20 世纪初,公共利益理论就受到了学者们的质疑。立法者或规制机构常常被利益集团控制和俘获,原本为公共利益设计的程序遭到了破坏。公共利益理论的三个潜在前提:规制中不存在信息不对称、规制机构能够为社会谋福利而没有自己的私利以及规制机构有完全的承诺能力。另外,社会中存在大量能够驳斥公共利益理论的事实依据,许多既非自然垄断也非外部性的产业一直存在价格与进入规制,即使对于自然垄断进行规制,实际上并不总能有效约束企业的定价行为。许多产业总是试图谋求强制力,如税收优惠和直接补贴、控制产业进入、控制替代品和互补品的生产以及价格控制等,规制中存在利益集团牺牲公众利益并由此获利的现象。一些实证研究也表明:未能发现对电力公用事业的规制有任何显著的价格下降效果[140];规制并没有减少价格歧视[141];在自由竞争领域如货车业和出租车产业,规制阻止了进入者并且允许定价高于成本;在自然垄断产业中,规制没有抑制垄断势力[142],甚至增加了商业和工业用户的收益[143]。

在对上述事实经验和实证研究进行总结和归纳的过程中,规制俘获理论(capture theory of regulation)逐渐产生。该理论认为,规制主体拥有夺走或给予货币的强制权,能够有选择地帮助或损害不同的行业,利益集团会千方百计地游说规制主体、寻租投资,企图影响规制立法和规制执法,使规制主体利用权力为本集团利益服务。不管规制方案如何设计,规制实际是被这个产业"俘获",规制提高了产业利润而不是社会福利,正是适应了产业需求[144]。规制俘获理论揭示出利益集团通过影响规制主体的规制行为造就了垄断者,原本为公共利益服务的规制被破坏了,规制者被被规制者"收买"和"控制"。规制俘获理论符合美国 20 世纪 60 年代的规制历史实践,是新经济自由主义诠释其放松、解除经济性规制主张的重要理论。

在规制俘获理论的基础上,Stigler 引入规范的经济学方法来分析规制问题,提出了规制经济理论,并且指出规制的中心任务是解释谁从规制中获益、谁从规制中受损、规制采取何种形式以及规制对资源分配的影响等问题。Stigler 认为,由于存在着经济利益跟支持程度的交换,规制的目的并不总是使社会福利最大化,而是在社会的特定群体间进行福利转移。拥有强制权的规制主体可以决定资源的去向、可以左右企业和消费者的经济决策,规制是经济系统的内生变量,由规制需求和规制供给共同决定。基于 Olson 集体行为逻辑(logic of collective action)的观点,Stigler 指出,易于组织、规模较小、集中度高的产业利益集团的平均收入高于强加给消费者的人均损失，行动激励较强，对规制政策的反应敏感，可以通过活动经费、竞选费用、游说拉选票等方式对候选人施加影响，使规制机构制定有利于自己的规制政策，如直接货币交叉补贴、产业进入规制、替代品生产的控制和价格规制等。难于组织、规模较大、集中度低的消费者利益集团形成决策的成本较高，俘获规制者的活动具有正外部性，"搭便车"现象严重，行动难以协调，不能明确意识到规制政策为他们带来的潜在利益，对规制影响不大。规制保护企业免受竞争压力，而没有保护消费者免受剥削[145]。

1976 年，Peltzman 扩展了 Stigler 的规制经济理论，以数学模型的形式反映了规制的形成过程，形成了 Stigler-Peltzman 模型。不同于 Stigler 只承认产业利益集团对规制供给的影响，Peltzman 加入了消费者集团的影响作用。这一模型假定，规制者受到的激励是赢得选举，追求选票数量（支持程度）的最大化，企业追求利润最大化，消费者追求消费者剩余的最大化。规制需求来自产业集团影响和消费者集团影响两个方面，规制供给是规制者为了获得支持最大化而在生产者利益需求和消费者利益需求之间的一种平衡选择。规制者所选择的规制政策不仅要满足选票数的最大化，还将使支持的边际替代率等于企业利润与消费者剩余之间互相转移的边际替代率。规制既不会完全倾向于被规制者，也不会完全倾向于消费者，均衡价格常常会处于竞争性价格与垄断性价格之间。企业利益集团和消费者利益集团为了使规制政策更有利于增进自身福利，会通过各种影响规制者效用的行为（收买或者院外游说）使均衡点向有利于自身的方向倾斜[146]。

与 Stigler 和 Peltzman 不同，Becker 的决策均衡模型关注的是利益集团之间的竞争，认为规制政策是由每个利益集团对规制主体施加的相对压力来决定的。在假定其他集团选择的压力水平条件下，每个利益集团会选择使其福利最大化的压力水平。较大压力必然耗费较多资源，但是如果压力较小，其他集团的压力影响则会相对较大。考虑到施加压力的收益和成本，每个集团都存在最佳反应函数。当两个集团都没有激励来改变压力水平时，均衡得以形成，均衡点由两个最佳反应函数的交点来确定。均衡并不一定是帕累托最优，利益集团之间为影响程序而进行的竞争耗费了大量经济资源，导致帕累托非效率。如果规制产生的边际净损失增加，规制活动的数量将减少。受市场失灵影响的产业，其规制的边际净损失相对较低甚至为负，会施加相对更大的压力实施规制。但并不是只有存在市场失灵的领域才需要进行规制，决定规制制度倾向性的是利益集团施加压力的相对效率和相对影响，规制主要是用来提高更有影响的利益集团的福利。如果一些利益集团从规制中获得更多利益，而另一些利益集团失去很少利益，则社会福利会得到改善[147]。

芝加哥学派经济学家（Stigler、Peltzman、Becker）的规制理论研究分析了规制的目标取向和决策，主要强调规制对经济资源的分配过程，最终形成了规制的利益集团理论(interest group theory of regulation)。此后,规制的利益集团理论得到了进一步的发展,Ellig 将 Becker 模型由静态变成动态,提出了内生规制变迁理论,该理论试图将规制变迁变成经济系统的内生变量[148]。McChesney 强调了候选人在规制中的主动作用,提出新规制经济理论,建立了抽租模型,即能够通过首先威胁然后豁免的方式抽取私人投资形成的租金[149]。为了自身利益而希望规制的思想还得到了 Shleifer 和 Vishny 的认同,在他们看来,运用规制主体严格的准入限制、烦琐的审批程序和各种各样的收费可以受贿,产业集团通过行贿得到了很多有利可图的许可项目[150]。

3.2.3　激励性规制理论

公共利益理论和利益集团理论可以统称为规制目标理论,主要关注的是规制主体为什么要进行规制、规制代表谁的利益以及哪些产业容易受到规制等问题。20 世纪 80 年代,信息经济学及其框架下的委托-代理理论、机制设计理论和博弈论等现代经济学研究方法被引入规制经济学的研究中,规制经济学的研究方向从为什么要规制转向如何规制。传统规制经济学中规制者与被规制者信息对称的假设被修正,规制问题被置于信息不对称条件下的委托-代理理论的分析框架内,从而形成了激励性规制理论。根据规制目标的不同,该理论还可以分为公共利益视角下的激励性规制理论和利益集团视角下的激励性规制理论。

公共利益视角下的激励性规制理论方面,Loeb 和 Magat 考虑了规制过程中的信息不对称,在委托-代理理论框架下,运用机制设计方法构建了激励性契约模型[151]。但是,由于他们的最优结果与人们的"留给企业的租金是有成本的"看法相矛盾,因此 Laffont 和 Tirole 认为真正最早将机制设计理论用于规制分析的是Baron 和 Myerson 以及 Sappington。Baron 和 Myerson 在对 Loeb-Magat 模型批判的基础上,针对成本的信息不对称,提出符合贝叶斯方法的最优激励机制以克服逆向选择问题[152]。而后,Sappington 通过引入成本事后观察进一步扩展了 Baron 和 Myerson 模型[153]。

大多数研究利益集团规制理论的学者很少在规制机构和委托人之间做出区分,比如 Stigler-Peltzman 模型、Becker 决策均衡模型都是将整个体系当成一个"黑箱"。Baron 明确地分析了利益集团和候选人们之间的代理关系,首次打开了体系黑箱。选举中候选人的当选概率取决于其获得竞选捐款的相对数量,如果候选人当选,则可以获得当政的私人收益,提高候选人再次当选的竞选捐款,能够形成当选人为利益集团提供服务所花成本的激励相容显示[154]。Spiller 的模型与Becker 的决策均衡模型较为接近,模型关注了利益集团之间的竞争,分析了国会和被规制产业影响规制程序的动机。国会(委托人)和产业(委托人)都按照自身对规制变量(产业价格或者污染水平)的偏好向规制机构(代理人)宣布奖励,作为决策者的规制机构要对国会和产业做出反应[155]。Laffont 和 Tirole 认为,传统利益集团规制理论的根本缺陷在于:在信息完全的条件下,不能抽取租金的被规制企业缺乏影响规制结果的激励;选民、立法者能够完全控制他们的代理人规制机构(如果规制机构偏向利益集团利益,必将受到惩罚),这与现实中规制者拥有很大的自由裁量权相矛盾。Laffont 和 Tirole 构建的利益集团的委托-代理模型描述了自然垄断产业的规制,该模型揭示出,当受规制产业以外的其他利益集团可以更好地组织起来时,规制机构的自由裁量权就会减少。利益集团的力量不仅取决于它的支付意愿,还取决于它想施加的影响的类型。利益集团影响决策的根本原因是决策将影响他们的利益,当所得利益大于或等于俘获规制机构的成本时,影响决策的行为就会发生,因此需要制定激励机制来提高规制机构的被俘获成本[156]。

3.3 环境规制理论

3.3.1 负外部性与效率损失

在新古典微观经济学的一般均衡分析模型中,市场活动的参与者都是市场价格的接受者,每个参与者的行为只改变自己的经济利益,对市场其他参与者的经济利益不产生任何影响,即每个参与者行为的结果可以完全内部化,不存在收益或成本外溢的可能。在此前提下,市场传递的信息完全真实地反映了整个社会的需求和供给,市场竞争的结果才能使资源配置达成帕累托效率状态。如果存在外部性,市场参与者的行为不仅影响自身的利益,还会影响其他市场参与者的利益,此时市场竞争的结果就不再是帕累托最优状态了。

关于外部性的确切含义,史普博认为,外部性是指两个当事人在缺乏任何经济交易的情况下,由一个当事人向另一个当事人提供的物品束,是经济交易的第三方所承受的成本和收益。萨缪尔森对外部性的定义为,一个经济主体的行为对另一个经济主体的福利所产生的效果,而这种效果并没有从货币或市场交易(价格)中反映出来。余晖认为,外部性一般是指某个经济主体生产、消费物品或服务的行为,不以市场为媒介对其他经济主体所产生的附加效应。如果一个经济主体的经济活动(生产或消费)对他人产生了有利影响,却没有从中获得收益,而他人得到了收益却没有支付费用,就产生了收益溢出,即正外部性;反之,如果一个经济主体的经济活动对他人产生了负面影响,却没有为此付出代价,而他人付出了成本却没有获得补偿,就产生了成本溢出,即负外部性。需要规制主体进行规制的外部性问题主要是负外部性,它或是降低了承受者的效益,或是增加了承受者的成本。比如企业在生产过程中向环境排放污染物,企业没有为污染环境付出代价,受到污染负面影响的居民也没有获得补偿。负外部性使市场机制产生了效率损失,需要一种力量或机制来矫正外部性施予者的行为。

庇古认为,私人的供给原则是边际私人成本等于边际私人收益,但对于整个社会来说,供给原则是边际社会成本等于边际社会收益,外部性的实质在于边际私人成本与边际社会成本、边际私人收益与边际社会收益之间的偏离。当存在外部性时,市场的价格不能反映生产的边际社会成本,致使商品和服务的实际供给量与社会最优供给量之间产生偏差,正外部性的实际供给低于社会最优水平,负外部性的实际供给高于社会最优水平[157]。想要通过企业和民众自主谈判共同承担治污费用来解决污染排放问题是不现实的,解决负外部性问题就必须引入规制主体干预。干预的具体方式为,对边际私人成本小于边际社会成本的部门征税,税额大小等于这一边际成本之间的差额,通过征税使外部成本内部化,实现整体社会福利的改进,这种干预方式被称作"庇古税"。

庇古税理论的提出在相当长的时期内影响着外部性问题的解决,但是科斯认为,把责任强加于外部性的引发者来纠正外部性的错误在于,为了避免 A 加害于 B 就应使 A 受到损害,解决问题的关键在于如何使外部性的价值在损害方和受害方之间分配。如果交易费用为零,无论权力如何界定,都可以通过市场交易和自愿协商达到资源的最优配置;如果交易费用不为零,就可以通过合法权利的初始界定和经济组织形式的优化选择来提高资源的配置效率,实现外部效应的内部化,而无须抛弃市场机制,这一论述也被称作科斯定理。在科斯定理的基础上发展出了排污权交易理论,其基本思路是,在环境污染的可控制范围内,按照每单位允许排放量公开向排污企业出售或拍卖一定数量的排污权,排污企业以购买付费的方式来补偿负外部性问题,规制主体则用出售排污权的收入来维护和提高环境质量。排污权交易制度将市场机制与规制相结合,允许排污企业之间进行排污权交易,排污量较大的企业可以购买排污权,排污量较小的企业可以出售多余的排污权,有限的环境资源得到了最优配置,排污企业也有动力改善治污技术。

对于环境污染问题,无论负外部性是不是环境规制的充分条件,一种普遍的观点认为,如果没有规制主体干预,企业不可能考虑到自身行为的全部社会成本。科斯定理成立的条件是产权明确且无交易成本,无交易成本的假设并不现实,这种苛刻的条件反而成为规制主体干预的理由,因为产权界定本身就是一种规制主体行为。所以在实践中,绝大多数规制主体都还是在对负外部性问题进行着直接与间接的干预。规制的目标是尽量消除负外部性造成的效率损失,而效率损失的大小则取决于负外部性行为水平的高低。要实现规制的目标,一个基本着眼点必然是降低负外部性行为水平。上述的排污税和排污权交易手段并不直接规定被规制者能干什么或者不能干什么,而是通过市场信号来影响排污者的行为决策,引导其负外部性行为水平逐步符合规制目标,属于间接规制手段。而制定标准、公布禁令以及发放许可等则属于直接规制手段,规制主体直接规定被规制者的负外部性行为水平,从而达到规制目标。

3.3.2 规制工具的理论模型

本小节首先确定满足社会福利最大化的生产要素使用量和污染治理投入水平,从而提供一个理论对比分析的基点。之后对命令控制型规制工具中较为常见的强制性技术规制和排污量规制,以及激励型规制工具中较为常见的可交易的排污许可证和排污费进行分析讨论[158]。

假设只有一种污染物,该污染物是流动性污染物而不是存积性污染物,这样就忽略了污染的积累问题,从而不用考虑时间尺度问题。假设社会福利为 W,排污总量为 E,e_i 是排污者 i 的排污量,污染损害总成本 $C(E) = C(\sum_{i=1}^{n} e_i)$。假设排污量是生产要素投入量的组合与污染物削减量的函数,则社会福利可以表示为

$$W = \sum_{i=1}^{n} \left[P_{y_i} y_i(x_1, x_2, \cdots, x_n; z) - \sum_{j=1}^{n} P_{x_j} x_j - F(a_i) \right] -$$

$$C\left[\sum_{i=1}^{n} e_i(x_1, x_2, \cdots, x_n; a_i) \right] \tag{3-1}$$

其中,P_{y_i} 为排污者 i 的产品价格;y_i 为排污者 i 的产量;x_1 到 x_n 为可变的生产要素;z 表示固定或半固定生产要素(如土地、企业家才能);P_{x_j} 表示生产要素 x_j 的价格;a_i 为排污者 i 的污染治理投入水平;$F(a_i)$ 表示排污者 i 的治污成本。在生产要素价格 P_{x_j} 与产品价格 P_{y_i} 既定的情况下,社会福利最大化的一阶条件为

$$P_{y_i} \frac{\partial y_i}{\partial x_j} = P_{x_j} + \frac{\partial C}{\partial e_i} \frac{\partial e_i}{\partial x_j} \tag{3-2}$$

$$F'(a_i) = -\frac{\partial C}{\partial e_i} \frac{\partial e_i}{\partial a_i} \tag{3-3}$$

此最大化问题的两个必要条件是:第一,生产要素使用量应使边际产品价值 $P_{y_i} \frac{\partial y_i}{\partial x_j}$ 等于边际要素使用成本 P_{x_j} 与边际要素的污染损害成本 $\frac{\partial C}{\partial e_i} \frac{\partial e_i}{\partial x_j}$ 之和。第二,治污投入应使边际治污成本 $F'(a_i)$ 与边际治污收益 $\left(-\frac{\partial C}{\partial e_i} \frac{\partial e_i}{\partial a_i} \right)$ 相等。

1. 强制性技术规制

强制性技术规制要求排污者采用标准的污染末端处理技术,通常先由规制机构根据掌握的治污成本收益信息确定能使社会福利最大化的排污量或减污量,然后选择能实现减污目标的技术标准。其内涵为强制要求排污者保证符合标准的治污投入水平。假定规制主体实施强制性污染削减技术 $\tilde{a}_i$,企业 i 利润最大化的拉格朗日函数可以表示为

$$\max L = P_{y_i} y_i(x_1, x_2, \cdots, x_n; z) - \sum_{j=1}^{n} P_{x_j} x_j - F(a_i) + \lambda_i(\tilde{a}_i - a_i) \quad (3-4)$$

其中,λ_i 是拉格朗日乘子,对式(3-4)在 Kuhn-Tucker 条件下求偏导,当 $(y_i^*, \tilde{a}_i)$ 为正时有一内点解,即此时的约束条件是松弛的,可得

$$P_{y_i} \frac{\partial y_i}{\partial x_j} = P_{x_j} \quad (3-5)$$

$$\lambda_i = - F'(a_i) \quad (3-6)$$

$$a_i = \tilde{a}_i \quad (3-7)$$

其中,$\tilde{a}_i$ 是由规制者制定的外生变量,而 λ_i 可以被视为排污者 i 治污的影子价格。在信息充分的条件下,如果规制者能够为每个排污者制定社会福利最大化的最优污染削减技术,则所有的治污影子价格 λ_i 都等于边际治污收益 $-\frac{\partial C}{\partial e_i} \frac{\partial e_i}{\partial a_i}$。

在理论上,通过对排污者实施强制性污染削减技术规制,可以达到理想的污染削减水平。然而,规制者不可能掌握每个排污者的治污投入水平或污染削减技术信息,而且从规制成本的角度考虑,这样做也缺乏可行性。因此,规制者希望有一个统一的、容易监督的污染末端处理技术,但是由于不同的排污者有着不同的边际治污成本和污染物产生函数,统一技术下的污染削减量和排污水平通常都不是最优的。在强制性技术规制下,排污者无法通过寻求新的污染削减技术或生产技术来规避守法成本,如果不对产量进行约束,仅依靠强制性技术约束依然无法达到减污目标。尽管强制性技术规制的效率被许多人质疑,但是在一些监督较为容易且污染后果极为严重的场合,强制性技术规制仍然具有明显优势。

2. 排污量规制

在排污量规制下,规制者为排污者 i 选择可允许的最大排污量 $\tilde{e}_i$。在 $e_i \leqslant \tilde{e}_i$ 的约束条件下,排污者 i 利润最大化的拉格朗日函数可以表示为

$$\max L = P_{y_i} y_i(x_1, x_2, \cdots, x_n; z) - \sum_{j=1}^{n} P_{x_j} x_j - F(a_i) + \lambda_i[\tilde{e}_i - e_i(x_1, x_2, \cdots, x_n; a_i)]$$

$$(3-8)$$

相应的最优条件为

$$P_{y_i} \frac{\partial y_i}{\partial x_j} = P_{x_j} + \lambda_i \frac{\partial e_i}{\partial x_j} \quad (3-9)$$

$$F'(a_i) = - \lambda_i \frac{\partial e_i}{\partial a_i} \quad (3-10)$$

$$e_i = \tilde{e}_i \quad (3-11)$$

其中,λ_i 可被视为污染的影子价格。在信息充分以及规制者有能力进行使社会福利最大化的排污量分配 $\tilde{e}_i$ 的情况下,λ_i 将等于式(3-2)和式(3-3)中的边际污染

损害成本$\frac{\partial C}{\partial e_i}$。与强制性技术规制相比,排污量规制为排污者提供了更大的灵活性,排污者可以自己选择达到规定排污量的排污方法,比如既可以通过增加治污投入来减少污染,也可以通过降低产量来减少污染。一般来说,排污量规制下的企业产量要低于强制性技术规制,相应的产品价格也会略高一些。排污量规制的一个不足之处在于它不能对排污总量进行完全的控制,因为排污总量水平不仅取决于单个排污者的排污量,还取决于排污者的数量。即使每个排污者的排污量都得到完全控制,社会环境污染水平仍然可能会过高。

虽然命令控制型规制工具在理论上可以达到最优污染水平,但这需要掌握每个排污企业的详细信息,对每个企业制定不同的标准,这种要求规制机构是很难满足的。在需求曲线给定的情况下,产量减少的程度是由边际供给成本上升的程度决定的。在命令控制型规制下,规制者为每个排污者规定排污量或要求执行一个统一的技术标准,排污者只承担了遵守规制的成本,而不需要对排污付费,规制主体并没有完全将企业的污染损害内部化,与最优排污量的企业产量相比,边际供给成本曲线上升的幅度较小,整个产业的产量仍高于最优均衡产量。而且,排污者无法从发明或采用更低治污成本的污染控制技术中获益,无法为治污技术进步提供激励。

3. 可交易的排污许可证

可交易的排污许可证是指在一定的区域内,在污染物排放总量不超过限额总量的前提下,内部各污染源之间通过货币交换的方式相互调剂排污量,从而达到减少排污量、保护环境的目的。实施该方法首先应在考虑人口增长、技术进步以及经济增长等因素的基础上,确定给定时间内(通常是一年)可流通的总排污许可量(该地区的污染排放总量),而后在排污者之间分配可以转让的排污许可证,每张排污许可证准许持有者在给定时间内排放一定量的污染物。如果排污许可证不可交易,该机制就和排污量规制是一样的。

假设规制者根据环境标准或目标来确定总排污量,并通过拍卖方式在排污者之间进行可交易排污许可证的分配,P_e是竞争投标者参与拍卖下的每一份许可证的市场价格,此时排污者i的利润可表示为

$$\pi = P_{y_i} y_i(x_1, x_2, \cdots, x_n; z) - \sum_{j=1}^{n} P_{x_j} x_j - F(a_i) - P_e e_i(x_1, x_2, \cdots, x_n; a_i)$$

$$(3-12)$$

利润最大化的一阶条件为

$$P_{y_i} \frac{\partial y_i}{\partial x_j} = P_{x_j} + P_e \frac{\partial e_i}{\partial x_j} \qquad (3-13)$$

$$F'(a_i) = -P_e \frac{\partial e_i}{\partial a_i} \qquad (3-14)$$

式(3-13)表示对每种生产要素的使用量,均应使其边际产品价值 $P_{y_i}\dfrac{\partial y_i}{\partial x_j}$ 等于

边际要素使用成本 P_{x_j} 与竞拍投入所隐含的新增许可证费用 $P_e\dfrac{\partial e_i}{\partial x_j}$ 之和。排污者

将会改变生产要素组合、使用产生更少污染的生产要素替代产生更多污染的生产
要素,以尽可能减少许可证费用。式(3-14)表示污染末端处理水平应使边际治污

成本 $F'(a_i)$ 等于边际治污所节省的许可证费用 $-P_e\dfrac{\partial e_i}{\partial a_i}$。如果在某一治污水平上

边际治污所节省的许可证费用超过了成本,则排污者将会进行污染末端处理。在
可交易的排污许可证机制下,许可证费用被计入企业生产成本,企业的边际供给成
本曲线向上移动,产品价格增加,企业产量下降,因此,除了改变生产要素组合和进
行污染末端处理,可交易排污许可证机制还能通过降低产量来控制污染。

在可交易的排污许可证规制工具下,如果排污者发现购买额外许可的成本低
于自行治污的成本,排污者就会从市场上购买额外许可;如果排污者发现自行治污
的成本低于排污许可的价格,排污者就会将剩余的许可出售,并自愿多承担一些治
污任务,这样的交易能够使最低成本治污的排污者承担更多的治污任务。为了从
排污许可交易中获利,排污者有发明和采用先进治污技术的动机,因此该工具对治
污技术的研发和应用也提供了激励。但是在技术进步的情形下,如果规制者没有
对许可量进行相应的调整,企业就会失去改进技术的动力,污染削减水平也会相对
固定化。

4. 排污费

经济学家经常把排污费看作是环境规制工具中最有用的一种,排污收费水平
如果等于边际污染损害成本,则排污费实际上是一种庇古税。假设排污费率为 t_e,
在征收排污费的情况下,排污者 i 的利润可表示为

$$\pi = P_{y_i}y_i(x_1,x_2,\cdots,x_n;z) - \sum_{j=1}^{n}P_{x_j}x_j - F(a_i) - t_e e_i(x_1,x_2,\cdots,x_n;a_i)$$

$$(3-15)$$

利润最大化的一阶条件为

$$P_{y_i}\frac{\partial y_i}{\partial x_j} = P_{x_j} + t_e\frac{\partial e_i}{\partial x_j} \qquad (3-16)$$

$$F'(a_i) = -t_e\frac{\partial e_i}{\partial a_i} \qquad (3-17)$$

将式(3-16)和式(3-17)与社会福利最大化条件式(3-2)和式(3-3)对比后

可知,只要使排污费率等于边际污染损害成本,即 $t_e=\dfrac{\partial C}{\partial e_i}$,则两组条件是相同的。

相应地,与可交易的排污许可证机制下的式(3-13)和式(3-14)相比,当 t_e 被设定

为与可交易排污许可证的价格 P_e 相同时,两种机制下的利润函数是相同的。

式(3-16)表示,为了追求利润最大化,排污者对每种生产要素的使用量,均会使其边际产品价值 $P_{y_i}\dfrac{\partial y_i}{\partial x_j}$ 等于边际要素使用成本 P_{x_j} 与要素投入所隐含的新增排污费 $t_e\dfrac{\partial e_i}{\partial x_j}$ 之和。式(3-17)表示污染末端处理水平应使边际治污成本等于边际治污所节省的排污费用。如果没有排污费,即 $t_e=0$,式(3-16)将简化为通常的边际产品价值条件,而且排污者不会进行污染末端处理。式(3-16)与式(3-17)揭示了排污者对排污费将如何做出反应。式(3-16)表明,排污者将会使用产生更少污染的生产要素替代产生较多污染的生产要素;式(3-17)表明,如果在某一治污水平上边际治污所节省的排污费超过了成本,则排污者将会进行污染末端处理。

与可交易的排污许可证机制相同,规制主体对企业征收排污费造成了企业生产成本增加,使产品价格增加,产量下降,企业的生产者剩余减少。当排污费率与可交易的排污许可证价格相等时,排污费与可交易许可证所导致的生产者剩余减少量是相同的,规制主体获得的收入也与拍卖许可证所得收入相等。排污费也可以激励企业进行治污技术的研发、应用和改进,但是在一个经济快速增长和价格水平不断上升的经济体中,如果规制者不对名义排污费率进行调整,排污费的功能会被逐渐削弱。

可交易的排污许可证与排污费作为最主要的两种激励型规制工具,都是通过市场手段激励企业,使企业通过改变投入品比例、进行污染末端处理以及缩减产量这三种方式进行减污。但是在有关边际治污收益和边际治污成本的信息不完全的情况下,两种规制的结果存在着显著差异。Weitzman 的研究表明:当边际治污成本曲线相对陡峭,边际治污收益曲线相对平缓时,规制者可以较为精确地预测污染的价格,征收排污费的规制成本不会很大,但是排污许可量则难以确定,可交易的排污许可的规制成本会相当大。当边际治污成本曲线相对平缓,边际治污收益曲线相对陡峭时,征收排污费的规制成本会很大,而可交易的排污许可的规制成本则很小[159]。

3.4　规制行为理论

3.4.1　公共选择理论

古希腊思想家亚里士多德认为,人在本质上,其内心是向善的。此后,政治学家们一直信奉这一判断,认为由内心向善的个人所组成的机关部门必然是大公无私的,能够成功地把所有个人利益统一起来,追求社会福利的最大化。直到商品经济和市场经济时代,英国古典经济学家亚当·斯密提出了经济人假设:人都是自私的,行为目的都是为了实现个人利益(个人效用)的最大化。从此以后,西方传统的经济学与政治学之间就出现了理论上的鸿沟:同样一个人,在经济学家的眼中是"经济人"、利己的;而在政治学家眼中则是"行政人"、利他的[160]。

在亚当·斯密的影响下,Buchanan 将这种对个人行为的假设从经济领域做出了重要扩展,指出适用于微观主体选择的理性原则,同样也适用于公共选择,机构部门是由大量的个人所组成的,每一个工作人员都是一个"经济人",他首先要考虑个人利益的得失,因此公共选择过程首先是一个个人选择过程。Buchanan 利用经济学方法研究公共政策的决策过程,统一了个人在经济、政治两个环境下的行为假定。由于要追求个人利益最大化,因此必然会把个人偏好与利益带进决策,甚至会牺牲组织机构或公众的利益,导致决策的不公正和失误,从而造成规制失灵[161]。公共选择理论就是运用经济学的理论和方法研究行政领域的事物所形成的一种学科派别,它在研究方法上是经济学的,而在研究对象上则是政治学的。该理论要求对于规制主体管理领域的一切行为分析,包括制定和执行公共政策,都要从"经济人"假设的逻辑起点出发,并以此为依据指导规制主体管理和政策实践。由此,博弈论方法也就可以被充分应用到规制主体行为互动的分析中了。

公共选择理论强调,在把个人选择整合为公共选择的过程中,需要有民主程序、法律制度和博弈,以防止工作人员把个人意志转化为公共意志,假公济私,合法地以权谋私等。另外,就像企业追求利润最大化一样,官员也总是会倾向于使其部门的预算、资源最大化,而候选人总是寻求支持选票最大化。其结果是,规制机构会越来越膨胀,大大超过必要的规模,有势力的利益集团通过寻租行为将在国民收入的分配中获得较大的份额,各种制度会趋于僵化。这种观点引发了限制规制主体作用和规制机构职能的主张,比如限制既得利益者在政策制定中的作用、出售商业性资产、不应集政策制定与政策执行于一身、规制主体提供的公共品和服务应尽可能减少自身的直接作用以及增加规制主体行为的透明度等。公共选择理论的另一位代表人物 Niskanen 认为,如果只有改变官僚制的组织结构和激励机制才能提高绩效的话,那么还不如依靠已经存在于市场体系之中的机构和机制,把原来由规制主体资助的服务转移到私人部门并加以市场化[162]。

3.4.2　委托-代理理论

经典的委托-代理理论是由 Berle 和 Means 于 1932 年提出的,所有权和经营权的分离是委托-代理理论的逻辑起点。该理论把现实的经济社会关系理解为一系列委托人与代理人发生交易的"合同"或协议关系,根据合同条款,代理人代表委托人完成各种任务,而委托人同意为此以一种双方均接受的方式付给代理人报酬。委托-代理理论的基本假设是委托人和代理人都是理性的,都追求自身利益和效用的最大化,目标函数不一致的代理人和委托人的利益很容易发生冲突。通常的情况是信息不对称,代理人对委托人的情况比较了解,而代理人的行为不易被直接观察到,委任人难以对代理人的行为进行监督,代理人容易利用不对称的信息或者业绩评估的高成本实施有损委托人利益的决策。委托-代理理论主要关注代理人的选择以及对代理人的激励,通过签订最优合同的形式,克服委托人与代理人之间的信息不对称,防止代理方寻机违背合同为自己谋利,以实现二者风险共担、利益共享的激励相容效果。Alchian 等认为企业生产依托团队协作,单独度量每个成员的努力程度显得尤为困难,所以需要引入监督者,并且用剩余索取权换取监督者的动力[163]。Harris 等强调了隐性激励的作用,指出考虑职业生涯的经理人为了提高声誉、增加受雇用机会和未来收入,即使没有显性的合同激励,他们也会选择努力工作[164]。

委托-代理理论原本是针对企业所有权与经营控制权分离所引发的问题,研究侧重于企业的产权制度、企业内部的组织结构和企业内成员之间的代理关系。但人们很快就认识到,这种代理问题存在于一切组织之中,它是社会、经济生活的一个根本特征,如雇主与雇员的关系、律师与当事人的关系、选民与候选人的关系等。规制机构中的委托-代理关系主要表现为:选民选举议员所形成的委托-代理关系;立法机构与执行机构所形成的委托-代理关系[165]。相较于企业,规制机构中的委托-代理关系存在一些特殊的问题,比如缺乏迫使规制机构自觉控制支出的机制;缺乏有效对官员行为进行约束的机制;官僚机构缺乏竞争;难以对规制机构的产出做出客观的衡量和评价等。人们进行了大量的制度设计,力图控制代理人的机会主义行为,包括提高规制工作人员的素质;实施横向权力分立与制衡,使其处于一般性规则约束下;实施纵向权利分解,给主管部门适当的管理权力;信息公开,如公布年度财政预算,加强舆论监督;实施全民公决,对一些关系到公共利益的重大决议由公众参与决定;提升公民的知识文化水平与经济水平,使公民有能力负担信息成本和监督成本;开放贸易和要素流动。另外,委托-代理理论还对西方公共行政中的许多方面产生了影响,比如公共服务的制度安排,哪些公共服务可以让私营部门提供、哪些应由规制主体提供;规制主体报酬的制度安排,根据产出还是根据投入评定绩效和付酬等[166]。

3.5　财税体系下环境规制实施理论框架

规制伴随着社会主义市场经济体制的不断完善而不断加强,在时代背景和经济体制上,财税体系与规制这两个概念是相互契合的。公共利益理论认为,规制是建立在纠正市场失灵的基础之上的。但是在现实中,从委托-代理理论的角度来看,财税体系制度是一系列行为规则,这些规则提供了激励信息和认知模式,从而按照规则指引的方向和确定的范围作出选择。尽管环境规制的出发点是消除负外部性造成的效率损失，但是利益集团理论揭示出，对经济资源的再分配才是规制的本质。而且，与经济调节、社会管理和公共服务等其他规制职能相比，规制手段的约束性更弱、隐蔽性更强。正是在这样一种逻辑框架下，本书展开了对环境规制实施的考察。

3.6　本章小结

本章回顾了财税体系理论和规制理论的演进历程，阐述了环境规制及其工具的理论基础，梳理了能够反映规制主体行为特征的公共选择理论和委托-代理理论。最后，通过对所有相关理论的总结，提炼出本书研究思路和逻辑框架，从而为进一步的研究奠定理论基础。

第4章　环境规制实施体制分析

4.1　环境保护法律体系

从 1973 年第一次全国环境保护会议确立环境管理的"32 字方针",到第十八次全国人民代表大会报告提出"把生态文明建设放在突出地位,融入经济建设、政治建设、文化建设、社会建设各方面和全过程,努力建设美丽中国,实现中华民族永续发展"的目标,环境保护事业经历了从无到有、从开始起步到逐渐完善的过程。经过几十年的发展,目前已经形成以《中华人民共和国环境保护法》为主体,以环境保护专门法、环保相关资源法、环保行政法规与规章、环保性法规为主要内容的环境保护法律法规体系。本书分四个阶段对我国环保法律法规体系的发展做出描述[167]。

1. 起步阶段(1973—1982 年)

1973 年,第一次全国环境保护会议召开,审议通过了《关于保护和改善环境的若干规定(试行草案)》,确定了环保工作的"32 字方针",这是最早的环境保护法律法规,也是后来发布的《中华人民共和国环境保护法(试行)》的雏形。1978 年,环境保护工作正式写入新修订的《中华人民共和国宪法》,环境保护法律体系和环境保护工作有了宪法的支持。1979 年,我国颁布了第一部环保法律《中华人民共和国环境保护法(试行)》,明确了环境保护法的基本任务,同时确定了环境影响评价、"三同时"、排污收费三项制度,环保法律体系开始初步建立。1981 年,国务院发布的《关于在国民经济调整时期加强环境保护工作的决定》指出,管理好环境,合理地开放和利用自然资源,是现代化建设的一项基本任务。1982 年,《中华人民共和国海洋环境保护法》由全国人大常委会通过;同年,《征收排污费暂行办法》颁布实施,对超标污染物的征收标准做出了明确规定,环境保护工作开始逐步走向细化。

2. 发展阶段(1983—1995 年)

1983 年,第二次全国环境保护会议召开,将环境保护确定为基本国策,同时确定了"预防为主、防治结合"、"谁污染、谁治理"与"强化环境管理"三大基本政策。同年 11 月颁布的《中华人民共和国环境保护标准管理办法》对环境质量和污染物排放标准、环保基础标准和环保方法标准进行了分类,初步形成了环境标准体系。1984 年发布《关于环境保护工作的若干决定》,宣布成立国务院环境保护委员会,并对各级环保机构的设置做出了相应安排。1984 年,全国人大常委会通过了《中华人民共和国水污染防治法》和《中华人民共和国森林法》。在随后的几年时间内,其他四项自然资源法也相继通过。1987 年,全国人大常委会通过了《中华人民共和国大气污染防治法》,至此,我国已经初步建立了包含环保专门法和自然资源法在内的污染治理法律体系。在 1983—1988 年这段时期,一系列行政法规和部门规章也相继颁布实施,比较重要的有《防止船舶污染海域管理条例》《水土保持工作条例》《海洋石油勘探开发环境保护管理条例》《关于防治煤烟型污染技术政策的规定》《对外经济开放地区环境管理暂行规定》《国务院关于加强乡镇、街道企业环境管理的规定》等。

1989 年,第三次全国环境保护会议召开,提出了环境管理的新五项制度,包括环境保护目标责任制、城市环境综合整治定量考核制、排放污染物许可证制、污染集中控制和限期治理。同年,全国人大常委会对《中华人民共和国环境保护法》进行了修订,并确定了统一监管与分级分部门监管相结合的环保监督管理体制。与此同时,一些新的环保专门法和自然资源法也相继出台,例如《中华人民共和国野生动物保护法》《中华人民共和国水土保持法》《中华人民共和国固体废物污染环境防治法》。为了应对人口增长和现代工业发展对环保工作提出的新挑战,1990 年颁布的《国务院关于进一步加强环境保护工作的决定》强调,严格执行环保法律法规、采取有效措施防治工业污染,强调落实环境保护目标责任制,将环境保护目标的完成情况作为评定工作成绩的依据之一。1992 年联合国环境与发展大会之后,我国颁布了《中国环境保护行动计划》《中国 21 世纪议程》等文件,明确将可持续发展战略作为经济和社会发展的基本指导思想。

与此同时,环境保护方面的行政法规和部门规章也有了进一步的发展和完善,一些环保法律的细则相继出台,如《中华人民共和国水污染防治法实施细则》《中华人民共和国土地管理法实施条例》《中华人民共和国水土保持法实施条例》《中华人民共和国矿产资源法实施细则》等。同时,污染物的排污收费标准也逐步细化,包括《超标环境噪声排污费征收标准》《超标污水排污费征收标准》《征收工业燃煤 SO_2 排污费试点方案》。

3. 深化阶段(1996—2011 年)

1996 年,第四次全国环境保护会议召开,确定了污染防治与生态保护并重的方针,提出了"保护环境的实质是保护生产力"的观点。自此,环保工作进入全面深化阶段,环境保护法律法规的制定与执行力度不断加强。1997 年,八届全国人大常委会通过《中华人民共和国节约能源法》。此后,多项行政法规和部门规章密集出台,主要包括《酸雨控制区和二氧化硫控制区划分方法》《全国生态环境建设规划》《全国生态环境保护纲要》《中华人民共和国清洁生产促进法》《中华人民共和国环境影响评价法》等。

2002年,第五次全国环境保护会议召开,会议强调环境保护是一项重要职能,要按照社会主义市场经济的要求,动员全社会的力量做好这项工作。在这段时期,江河流域的污染防治工作受到了高度重视,国务院相继批复了《巢湖流域水污染"十五"计划》《淮河流域水污染"十五"计划》《辽河流域水污染"十五"计划》《海河流域水污染"十五"计划》《滇池流域水污染"十五"计划》。

为了全面落实科学发展观,实现建设社会主义生态文明的战略部署,国务院于2005年出台了《关于落实科学发展观加强环境保护的决定》。随后,第六次全国环境保护会议于2006年召开,会议提出了"三个转变"方针,强调将环保工作推向以保护环境优化经济增长的新阶段。2007年,国务院发布《节能减排综合性工作方案》,将节能减排工作作为调整经济结构、转变经济增长方式的突破口。同年,《国家环境保护"十一五"规划》确定了"十一五"期间环保的重点领域和主要任务,并规定了二氧化硫、化学需氧量等主要污染物的排放总量。这一时期,《中华人民共和国可再生能源法》《中华人民共和国循环经济促进法》等法律也相继实施。

2011年,国务院印发《关于加强环境保护重点工作的意见》,进一步强调解决影响科学发展和损害群众健康的突出环境问题。同年,第七次全国环境保护会议召开,会议强调坚持在发展中保护、在保护中发展,积极探索环境保护的新道路,为未来环境保护工作的深入开展明确了方向。

4. 成熟阶段(2012年至今)

随着2013年初重污染天气席卷我国大部分地区,京津冀、长三角、珠三角接连爆发大气重污染天气,雾霾所覆盖的范围之广、历时之久,给区域经济社会可持续发展带来了不小的挑战。为了有效防范和治理大气污染,2013年,国务院出台《关于印发大气污染防治行动计划的通知》(简称"大气十条")。2015年历经十年修订的《中华人民共和国大气污染防治法》出台,大气污染防治工作进入了攻坚期和深水区。同年,《水污染防治行动计划》(称为"水十条")公布实施以及一系列配套政策出台。海洋污染治理方面,2016年修订了《中华人民共和国海洋环境保护法》,总体来看,有关部门加大了对船舶油污的管控。2017—2018年,党中央不断地推进、落实环保制度设计。从《土壤污染防治行动计划》(简称"土十条")、《控制污染物排放许可制实施方案》到《中华人民共和国环境保护税法》、新修订的《中华人民共和国水污染防治法》《生态环境损害赔偿制度改革方案》等环境政策和法律法规的落实,绿色发展、循环发展、低碳发展逐渐成为社会共识。2020 年 3 月,中共中央办公厅、国务院办公厅印发《关于构建现代环境治理体系的指导意见》,提出构建党委领导、政府主导、企业主体、社会组织和公众共同参与的现代环境治理体系。2021 年 11 月,中共中央和国务院印发《关于深入打好污染防治攻坚战的意见》,指出要深入贯彻习近平生态文明思想,统筹污染治理、生态保护、应对气候变化,以更高标准打好蓝天、碧水、净土保卫战,以高水平保护推动高质量发展、创造高品质生活,努力建设人与自然和谐共生的美丽中国。我国环保法律体系的完善过程如表 4 - 1 所示。

表 4 - 1　环保法律体系的完善过程

阶段	年份	环保会议与环保法律
起步阶段	1973	第一次全国环境保护会议
	1978	环境保护工作写入《中华人民共和国宪法》
	1979	《中华人民共和国环境保护法(试行)》
	1981	《关于在国民经济调整时期加强环境保护工作的决定》
	1981	《基本建设项目环境保护管理办法》
	1982	《中华人民共和国海洋环境保护法》
	1982	《征收排污费暂行办法》
发展阶段	1983	第二次全国环境保护会议
	1983	《中华人民共和国环境保护标准管理办法》
	1984	《关于环境保护工作的若干决定》
	1984	《中华人民共和国水污染防治法》《中华人民共和国森林法》
	1987	《中华人民共和国大气污染防治法》
	1989	第三次全国环境保护会议
	1989	修订了《中华人民共和国环境保护法》
	1990	《国务院关于进一步加强环境保护工作的决定》
	1991	《超标环境噪声排污费征收标准》
	1991	《超标污水排污费征收标准》
	1992	《征收工业燃煤 SO_2 排污费试点方案》
	1993	《中华人民共和国农业法》
	1993	全国第二次工业污染防治工作会议
	1995	《中华人民共和国电力法》

阶段	年份	环保会议与环保法律
深化阶段	1996	第四次全国环境保护会议
	1997	《中华人民共和国节约能源法》
	1997	《酸雨控制区和二氧化硫控制区划分方法》
	1998	《全国生态环境建设规划》
	2002	《中华人民共和国清洁生产促进法》
	2002	《中华人民共和国环境影响评价法》
	2002	第五次全国环境保护会议召开
	2002	《巢湖流域水污染"十五"计划》
	2005	《关于落实科学发展观加强环境保护的决定》
	2006	第六次全国环境保护会议
	2007	《节能减排综合性工作方案》
	2007	《国家环境保护"十一五"规划》
	2011	《关于加强环境保护重点工作的意见》
	2011	第七次全国环境保护会议
成熟阶段	2013	《关于印发大气污染防治行动计划的通知》
	2015	《水污染防治行动计划》
	2016	《中华人民共和国海洋环境保护法》
	2017	《土壤污染防治行动计划》
	2018	《中华人民共和国环境保护税法》
	2020	《关于构建现代环境治理体系的指导意见》
	2021	《关于深入打好污染防治攻坚战的意见》
	2022	《深入打好重污染天气消除、臭氧污染防治和柴油货车污染治理攻坚战行动方案》

4.2　环境管理机构变迁

在1972年以前,我国并没有设置独立的环境保护管理机构,环境保护按产业部门附属于国务院的各个部委。1973年,第一次全国环境保护会议之后,国务院环境保护领导小组成立,其下设办公室,自此,专门的环境管理机构成立。1982年,撤销国务院环境保护领导小组及其办公室,成立城乡建设环境保护部下属的环境保护局,具备了相对独立的财政权、人事权。1984 年,国务院环境保护委员会成立,职能定位是环保局的组织协调机构。1984 年 12 月,城乡建设环境保护部下设的环境保护局升格为国家环境保护局,同时成为国务院环保委员会的办事结构,但依然接受城乡建设环保部的领导。1988 年,为了应对当时愈发严峻的环境污染形势,环境保护局从建设部脱离出来,正式成为国务院管理的直属单位。1993 年,人大八届一次会议设立全国人大环境保护委员会,并于 1994 年在人大八届二次会议上更名为全国人大环境与资源保护委员会,该机构的主要职责为研究、审议与拟订相关议案。1998 年,环境保护局进一步升格为环境保护总局,成为国务院直属的正部级单位,国务院环境保护委员会同时撤销,进一步确立了双重领导管理体制模式。2006 年,为加强监督、提高环境执法能力,环保总局在全国先后成立了六个区域环保督查中心,作为环保总局的派出机构[168]。2008 年,为加大环境政策、规划和重大问题的统筹协调力度,环保总局升格为环境保护部,成为国务院组成部门之一,能够更多地参与到重大政策规划的制定当中。总体来看,环保部门的行政级别明显上升,独立性和管理能力也在逐渐增强[169]。2012 年中共十八大正式将生态文明建设作为党追求的一项政策目标,上升到体制、制度等政治层面进行解读。随着微博等 Web2.0 网络的兴起,为汇聚民意提供了开放、便捷的平台,大大激发了民众的表达欲和参与度,加速了环境管理体制的变迁。从央地关系来看,地方分权型的纵向结构是影响环境政策执行的重要因素。十八大以来,党中央以"两个积极性"为总体原则,在央地关系调整中强调适度向中央倾斜,保障了中央的集中统一领导。这为强化上级对地方环境治理行为的规范能力奠定了基础。2016 年中央开展了省以下环保机构垂直管理体制改革试点,适度打破了"以块为主"的地方环境管理体制,优化了纵向职责配置。2018 年,生态环境部整合了环境保护部的全部职能与其他 6 部委的相关职能,基本打破了污染防治上的"九龙治水",实现了生态保护上的统一监管。我国环境管理机构的变迁过程如表 4 - 2 所示。

表 4 - 2　环境管理机构的变迁过程

时间	环境管理机构变迁
1971 年	成立国家计委环境保护办公室
1973 年	成立国务院环境保护领导小组
1982 年	成立城乡建设环境保护部下属的环境保护局
1984 年	成立国务院环境保护委员会
1984 年 12 月	成立国家环境保护局
1988 年	国家环境保护局从建设部脱离
1993 年	成立全国人大环境保护委员会

时间	环境管理机构变迁
1994 年	成立全国人大环境与资源保护委员会
1998 年	成立环境保护总局
2006 年	环保督查中心成立
2008 年	成立环境保护部
2016 年	省以下环保机构垂直管理体制改革
2018 年	成立生态环境部

4.3 环境规制体制

环境规制体制是指环境规制系统的结构和组成方式,以及实现环境管理任务的手段和方法。经过多次调整,环境规制体制现已形成了以四级环境机构为主体,以各级有关行业和部门的环境机构为辅的环境规制体系。我们可以从"纵向"与"横向"两个维度理解现行的环境规制体制,"纵向"维度主要涉及各级部门和环境规制机构,"横向"维度主要涉及其他相关管理部门与机构,比如水利部、建设部、农业农村部、海洋管理部、卫计委、气象部、交通运输部、科技部等。根据本书的研究范围,以下仅对"纵向"维度的环境规制体制进行介绍[170],如图 4-1 所示。

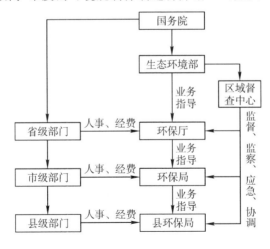

图 4-1 "纵向"维度的环境规制体制

《中华人民共和国环境保护法》规定:"国务院环境保护主管部门,对全国环境保护工作实施统一监督管理;县级以上地方人民政府环境保护主管部门,对本行政区域环境保护工作实施统一监督管理。"由此,我国形成了两个层次的环境规制体制结构。

生态环境部的主要职责是制定环境规制政策和监督规制政策执行。具体包括:制定环境保护的方针、政策、法律、法规和行政规章,监督法律、法规、规章的实施;制订环境保护规划和计划,参与制订经济和社会发展中长期规划、年度计划、国土开发整治规划、区域经济开发规划、产业发展规划以及资源节约和综合利用规划;制定并发布环境保护标准及环境监测规划,并负责监督实施。根据环境状况和经济、科技水平,制定环境质量标准、污染物排放标准,同时对这些标准的执行进行管理和监督。管理环境监测工作,会同有关部门组织环境监测网,建立环境监测制度,对环境污染防治或环境资源破坏进行监督管理。监督环境规制政策的贯彻执行工作。六个区域环境保护督查中心为生态环境部的派出机构,负责督查规制主体对环境规制政策的执行情况、督查重大环境污染与生态破坏事件等。

各级部门是本辖区环境管理的最高行政机关,环保部门属于一个职能机构,受同级部门领导。各级主管部门都有专门的环境保护行政管理机构。其中,环保厅受双重领导,同时由本级财政保障环境保护执法所需经费;上级环保局对市、县级环保局进行业务指导[171]。在环境管理中,规制主体的主要职责是贯彻执行环境规制政策、法律法规,其所从事的环境保护事务主要包括:调查处理污染事故,监督、检查环保法律、法规的执行情况,征收排污费,责令污染严重的企业限期治理,负责当地环境监测和环境统计工作,公报本辖区的环境质量状况等。另外,主管部门也会制定一些环境规章和环境标准。环境保护目标责任制明确规定,依照法律规定的职责和权限,主管部门管理辖区环境保护工作、对辖区环境质量负责。

4.4　环境规制工具

命令控制型规制工具(command and control,CAC)是指立法或行政部门制定的,通过行政命令的方式要求企业遵守,旨在直接影响排污者做出利于环保选择的法律、法规、政策和制度,其中包括为企业确立的排放标准、生产过程标准、绩效标准、污染控制水平、能源或废弃物削减目标、规范以及采用的技术等。其主要特征是刚性较强,污染者几乎没有选择权,只能机械地遵守规章制度,否则将面临严厉的处罚。命令控制型环境规制能够使环境质量得到迅速的改善,可靠性强,但同时,其对监管也提出了比较高的要求,执行成本较高。

1972年,OECD(经济合作与发展组织)提出了"污染者付费原则",要求排污者承担监控、治理污染的成本,将由于环境污染和资源消耗而形成的社会成本反映到商品和服务中去,从而把环保和有效利用资源与每个生产者和消费者的经济利益相联系,促使企业积极主动地选择有利于环保的生产方式和工艺。以市场为基础的激励型规制工具(market-based incentives,MBI)指的是规制主体利用市场机制设计的,旨在借助市场信号引导企业做出环境保护决策、激励排污者降低排污水平,从而使社会整体污染状况趋于受控和优化的制度,其中包括排污税费、使用者税费、产品税费、补贴、可交易的排污许可证、押金返还等。据 1987 年 OECD 对其成员国的调查,成员国共创造出激励型规制工具约 150 项,其中半数以上为环境税或环境费。激励型规制工具具备了一定的柔性,使企业获得了一定程度的选择自由,为企业研发或采用污染控制技术提供了刺激,运行成本也相对较低。但与命令控制型规制工具相比,激励型规制工具的环境改善效果不确定且存在时滞,对市场经济体系的健全程度和平稳程度要求也比较高。

从环境规制的实施状况来看,在污染治理过程中,命令控制型规制工具和激励型规制工具所发挥的作用在较长的时期内仍然不可替代。根据本书的研究主题和范围,以下主要对这两种规制工具的使用情况进行介绍。目前主要采用的命令控制型规制工具和以市场为基础的激励型规制工具如表 4 - 3 所示[172]。

表 4 - 3　主要的环境规制工具

规制类型	工具名称	开始时间	应用范围	主要内容
命令控制型规制工具	环境影响评价	1979	全国	对大型工程建设、规划等项目实施后可能给环境造成的影响进行预测,再依据预测结果对环境质量做出评价,提出防止或减少环境损害的方案
	三同时	1973	全国	建设项目中,防治污染的措施必须与主体工程同时设计、同时施工、同时投产使用
	排污许可证	1989	重点污染区域	对不超过排放总量的污染物发放排污许可证,并对排污单位进行监督管理
	排污申报登记	1992	全国	在由于基础性工作限制还不能实行排污许可证制度的情况下,先实行排污申报制度。排污单位将其排放的污染物种类、数量、地点等向环境管理部门报告,由环境管理部门核准后,为其发放排污许可证
	限期治理和关停并转迁	1978	全国	要求污染者在一定时期内完成污染治理任务。对限期治理不能达标或因污染严重失去治理价值的企业实行关停并转迁

规制类型	工具名称	开始时间	应用范围	主要内容
基于市场的激励型规制工具	排污收费	1979、1982、2003	全国	1979 年规定了排污收费制度。1982 年确立了超标排污收费制度,分为污水排污费、废气排污费、固体废物及危险废物排污费等。由各级环保部门征收,并按规定用于污染治理、区域环境综合治理和环保补贴等。2003 年将超标收费改成排污即收费和超标收费并行
	治污补贴	1982	全国	对执行环境标准中面临困难的企业进行的财政鼓励,偿还直接治污成本或减少每单位排污的支付,主要有补助金、长期低息贷款、税收减免等形式
	排污许可证交易	1985	上海、沈阳等 11 个城市	确定特定区域一定时期内污染物的排放总量,在此基础上,通过颁发许可证分配排污指标,并允许指标在市场上交易

4.5　本章小结

　　本章对环境规制实施体制进行了介绍,具体包括环境保护法律体系、环境管理机构变迁、环境规制体制以及环境规制工具等内容,为后续模型构建和分析提供现实依据并奠定坚实基础。

第5章 环境规制实施均衡分析

5.1 利益集团理论 S-P 模型的拓展

Stigler-Peltzman 模型（S-P 模型）以规制主体追求支持（选票）最大化、企业追求利润最大化、消费者追求消费者剩余最大化为前提假设，分析了规制的形成过程。图 5-1 中，纵轴表示企业利润 π，横轴表示产品价格 p，M 族无差异曲线表示支持函数 $M(p,\pi)$，M_1、M_2、M_3 分别表示三种支持下的所有价格和利润的组合。当价格 p 提高时，消费者的不满情绪上涨，对规制主体的支持下降，$M(p,\pi)$ 随着 p 的增加而下降；当利润 π 提高时，企业会对规制主体表现出更强劲的支持，$M(p,\pi)$ 随着 π 的增加而上升。因此，支持函数会沿左上方向不断提高，即 $M_3 > M_2 > M_1$。企业利润函数为 $\pi(p)$，当价格低于垄断价格 p_m 时，$\pi(p)$ 随 p 的增加而增加，当价格高于垄断价格 p_m 时，$\pi(p)$ 随 p 的增加而减少。p_c 点和 A 点（p_m）分别意味着完全竞争和完全垄断，如果规制价格选择在 p_c 或 p_m 两个极值点上，企业或消费者中一方的利益将会被完全忽视，支持函数没有达到最大值，不能达到一种均衡。均衡会出现在 B 点，在这一点上，规制主体使自己的边际替代率（各利益相关者利益的变化带来的支持变化）等于无差异曲线 M_2 与利润曲线 $\pi(p)$ 切点 C 处的斜率，均衡价格 p^* 即为最优规制价格。

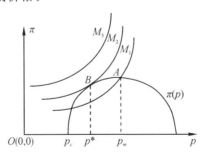

图 5-1　Stigler-Peltzman 模型

Stigler 和 Peltzman 运用均衡分析法与边际分析法，构建了较为完整的规制理论框架——S-P 模型。S-P 模型揭示了规制均衡的形成机制，即规制主体通过协调企业和消费者之间的利益关系实现支持最大化。在竞争性产业中,企业将从规制中获取更多的利益,而在垄断性产业中,消费者将从规制中获取更多的利益,企业和消费者会通过各种影响规制主体效用的行为使规制均衡点向利于自身福利增进的方向倾斜,因此最有可能被规制的产业是竞争性产业和垄断性产业。

　　S-P 模型的分析对象较为全面,能够解释一些特定产业的规制方式,其中蕴含的规制均衡思想也有助于分析规制者行为。已经有学者对该分析框架进行了应用和扩展,比如,陈富良的规制制度均衡研究[173],陈宏平等构建的规制三维模型[174],以及王亮等的企业行为对管制动态均衡的隐蔽性影响研究[175]等,但是目前还没有相关研究针对环境规制做出深入的分析和探讨。能否基于 S-P 模型对环境规制问题进行研究,尤其是建立一个系统完整的环境规制理论框架,是本书的主要研究问题。S-P 模型以西方为背景,直接应用该模型理解我国环境规制问题并不适用。而且,规制形式多样、范围广泛,直接应用经济性规制的 S-P 模型分析社会性规制问题也是缺乏说服力的。因此,本书将对 S-P 模型做出拓展。首先,基于财税体系理论,对规制主体的目标函数进行修正:规制主体并不是追求支持最大化,而是追求经济收益和行政收益最大化。其次,对规制主体目标的实现途径进行修正:实现途径并不是提供利益集团满意的规制以获取选票,而是积极发展经济,通过企业利润提高财政收入能力;通过执行政策,完成任务指标获取考核认可。再次,对规制主体的规制行为进行扩展:S-P 模型关注的是规制政策的制定过程,而本书着重考察环境规制的实施过程。最后,对规制均衡的影响因素进行扩展:S-P 模型强调了利益集团行为对规制均衡的影响,而本书主要分析各种制度和非制度因素对规制均衡的影响。经济性规制是通过价格调节影响企业的收益,环境规制是通过外部成本内部化影响企业的成本,两种规制都会对企业利润产生影响,而且在规制内涵上都具有经济资源的再分配特征。因此,将经济性规制的 S-P 模型拓展后用于分析环境规制问题仍然具有可行性。以下内容将参考利益集团理论的 S-P 模型,结合制度特征和环境规制政策体制,建立环境规制均衡模型。

5.2　环境规制政策标准的确立

　　借鉴 Loeb 和 Magat 对规制过程的分析思路,考虑一个多层委托代理关系。委托代理链条的初始端(委托人)为公众,假设在公众的目标函数中,既需要丰富的物质消费,也需要良好的生活环境。作为公众代理人的决策主体以特定的经济社会发展状况为立法依据,以体现公众意愿为立法意图,其效用函数可以表示为 $N=N(W_1,W_2)$,其中 W_1 为物质消费,W_2 为环境质量。假设 $\dfrac{\partial N}{\partial W_1}>0$,$\dfrac{\partial N}{\partial W_2}>0$,

$\dfrac{\partial^2 N}{\partial W_1^2}<0, \dfrac{\partial^2 N}{\partial W_2^2}<0, \dfrac{\partial^2 N}{\partial W_1 \partial W_2}=\dfrac{\partial^2 N}{\partial W_2 \partial W_1}=0$，所以无差异曲线 N 的斜率为负，决策主体效用会沿右上方向不断提高，即在图 5-2 中，$N_3>N_2>N_1$。假设环境质量是污染排放 P 的函数，$W_2=W_2(P)$，$\dfrac{\partial W_2}{\partial P}<0, \dfrac{\partial^2 W_2}{\partial P^2}<0$，而污染排放 P 取决于物质消费 W_1 和环保支出 A，$P=P(W_1, A)$，$\dfrac{\partial P}{\partial W_1}>0, \dfrac{\partial^2 P}{\partial W_1^2}>0, \dfrac{\partial P}{\partial A}<0, \dfrac{\partial^2 P}{\partial A^2}>0$。考虑决策主体将社会总产出 Y 分配于物质消费和环保支出的情况，即 $Y=W_1+A$，则决策主体将面临由物质消费和环境质量定义的生产可能性边界：$W_2=W_2[P(W_1, Y-W_1)]$。因此，环境质量与物质消费之间的边际转换率：$\dfrac{\mathrm{d}W_2}{\mathrm{d}W_1}=\dfrac{\partial W_2}{\partial P}\dfrac{\partial P}{\partial W_1}-\dfrac{\partial W_2}{\partial P}\dfrac{\partial P}{\partial A}<0$；由于 $\dfrac{\mathrm{d}^2 W_2}{\mathrm{d}W_1^2}=\dfrac{\partial^2 W_2}{\partial P^2}\left(\dfrac{\partial P}{\partial W_1}-\dfrac{\partial P}{\partial A}\right)^2+\dfrac{\partial W_2}{\partial P}\left(\dfrac{\partial^2 P}{\partial A^2}+\dfrac{\partial^2 P}{\partial W_1^2}\right)<0$，所以生产可能性边界 $W_2[P(W_1, Y-W_1)]$ 是凹的[176]。在无差异曲线 N_2 与生产可能性边界的相切处 C 点，效用达到最大值，由此确立了符合经济社会发展和公众意愿的物质消费水平 W_1^* 和环境质量水平 W_2^*。这种合意的环境质量水平 W_2^* 并不是负外部性为零（$P=0$）的状态，矫正负外部性并不是要彻底消除负外部性，因为负外部性不可能被彻底消除，只有当负外部性超过一定限度时效率损失才会发生，此时才需要减少负外部性。根据合意的环境质量水平 W_2^*，决策主体制定了环境规制政策，确立了治理污染的标准和规则。而要想使这种合意的环境质量得以实现，则需要规制主体对环境规制政策标准的严格贯彻，从而真正约束企业治理污染。

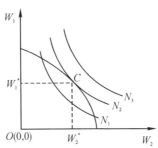

图 5-2 环境规制制定均衡

5.3 环境规制对企业治污投入的影响

关于环境规制对企业利润会产生何种影响，新古典主义理论认为，环境规制必然会提高企业成本，包括企业要为使用环境资源、排放污染缴纳排污费或排污税；

企业为完成环境规制目标,需要增加治污投入以及改变生产要素投入组合而产生成本;在产业竞争中,成本加大使价格上升所带来的效益损失;尤其是一些污染密集型行业,要达到环境规制标准,要付出更大的成本。而修正主义理论认为,有效的环境规制在提高企业成本的同时,可以通过创新补偿和先动优势等途径增加企业收益,从而弥补甚至超出企业遵循环境规制的成本[177]。对绝大多数企业而言,环境规制仍是一种成本而不是投资,现实中许多企业在短期内能够明显地感觉到环境规制对企业利润带来的不利影响。为简化分析且不失一般性,本书只考虑环境规制对企业成本的影响。由于排污收费政策实施较早、应用范围广泛,其所蕴含的负外部性内部化思想符合环境规制的基本理论特征,而且有实证研究表明,环境规制政策的减排效果主要来自排污收费[178],因此以下内容将以排污收费为例,讨论环境规制实施问题。

根据环境规制实施政策体制,在主要的环境规制领域,都是各地在统一时间执行统一的标准[179]。总量控制制度要求企业应将排污量控制在规定水平以下,企业要向规制主体上报当年的排污量,并按上报排污量交纳排污费;规制主体则会对企业的排污量进行监察,如果发现实际排污量大于上报排污量,则会补征排污费;如果发现实际排污量不仅大于上报排污量,而且还超过了环境规制要求的标准排污量,则会补征排污费并且征收超标排污罚款。其中,排污费率、污染物标准排放量以及超标排污罚款费率都属于环境规制政策标准。

假设 R 为由企业产出所决定的生产性利润,q 为由企业产出所决定的污染物产生量。企业的污染削减技术用随机削减函数来描述,实际污染削减量可以表示为 $f(a)-u+v$,其中 a 为企业的治污投入,u 为服从半正态分布的误差项,反映了技术失效性,v 为服从正态分布的随机误差,反映了企业控制之外的随机因素。理论污染削减量 $f(a)$ 满足 $\frac{\partial f}{\partial a}>0, \frac{\partial^2 f}{\partial a^2}<0$[180]。企业的排污量等于污染物产生量减去污染物削减量,即 $E=q-f(a)+u-v$。设 $\bar{e}$ 为污染物标准排放量,如果企业排污量小于或等于污染物标准排放量,即 $E\leqslant \bar{e}$,则属于达标排放;如果企业排污量大于污染物标准排放量,即 $E>\bar{e}$,则为超标排放。$\hat{e}$ 为企业上报的排污量,由企业根据对实际排污量的预估得到,即 $\hat{e}=\mu E$。上报的排污量不会大于污染物标准排放量,即 $\hat{e}\leqslant \bar{e}$;而且,为了缩减治污成本以追求利润最大化,理性企业的排污量始终会满足 $E\geqslant \hat{e}$,即 $0<\mu\leqslant 1$。$C_1(a)$ 为企业的治污成本,满足 $\frac{\partial C_1}{\partial a}>0, \frac{\partial^2 C_1}{\partial a^2}>0$。假设只要规制主体实施监察就能准确查明企业的实际排污量,设 t 为排污费率,则企业按上报排污量需缴纳的排污费为 $\hat{e}\cdot t$,需要补缴的排污费为 $(E-\hat{e})\cdot t$。F_1 为规制主体对企业超标排污的罚款费率,则企业缴纳的超标排污罚款额为 $(E-\bar{e})\cdot F_1$。设 θ_1 为规制主体按照企业上报排污量征收排污费的概率,即征收概率,$0\leqslant \theta_1\leqslant 1$,不

征收的概率为 $1-\theta_1$；θ_2 为规制主体对企业的监察概率，$0\leqslant\theta_2\leqslant1$，不监察的概率为 $1-\theta_2$；θ_3 为规制主体对企业实施监察后，责令其补缴排污费的概率，即补征概率，$0\leqslant\theta_3\leqslant1$，不补征的概率为 $1-\theta_3$；θ_4 为规制主体对企业实施监察后，责令其缴纳超标排污罚款的概率，即处罚概率，$0\leqslant\theta_4\leqslant1$，不处罚的概率为 $1-\theta_4$。根据以上假设，企业的预期利润有两种表示形式。

情形 1，企业超标排污（$E>\bar{e}$）：

$$\pi = R - C_1(a) - \theta_1 \cdot \hat{e} \cdot t - \theta_2 \cdot [\theta_3 \cdot (E-\hat{e}) \cdot t + \theta_4 \cdot (E-\bar{e}) \cdot F_1]$$
$$(5-1)$$

情形 2，企业达标排污（$\hat{e}\leqslant E\leqslant\bar{e}$）：

$$\pi = R - C_1(a) - \theta_1 \cdot \hat{e} \cdot t - \theta_2 \cdot \theta_3 \cdot (E-\hat{e}) \cdot t \qquad (5-2)$$

情形 1 中，假设企业产出保持不变，企业的决策变量仅为治污投入 a，企业在有限的资金中（$\pi\geqslant0$），通过选择治污投入使预期利润达到最大化，即

$$\max_a \pi = R - C_1(a) - \theta_1 \cdot \hat{e} \cdot t - \theta_2 \cdot [\theta_3 \cdot (E-\hat{e}) \cdot t + \theta_4 \cdot (E-\bar{e}) \cdot F_1]$$

将相关表达式代入，得到使企业利润最大化的一阶条件为

$$\frac{\partial\pi}{\partial a} = -C'_1 - \theta_1 \cdot E'_a \cdot \mu \cdot t - \theta_2 \cdot \theta_3 \cdot E'_a \cdot (1-\mu) \cdot t - \theta_2 \cdot \theta_4 \cdot E'_a \cdot F_1 = 0$$
$$(5-3)$$

对式（5-3）进行全微分，可以得到：

$$\frac{\partial^2\pi}{\partial a^2}\mathrm{d}a + \frac{\partial^2\pi}{\partial a\partial\theta_1}\mathrm{d}\theta_1 = 0, \frac{\partial^2\pi}{\partial a^2}\mathrm{d}a + \frac{\partial^2\pi}{\partial a\partial\theta_2}\mathrm{d}\theta_2 = 0$$

$$\frac{\partial^2\pi}{\partial a^2}\mathrm{d}a + \frac{\partial^2\pi}{\partial a\partial\theta_3}\mathrm{d}\theta_3 = 0, \frac{\partial^2\pi}{\partial a^2}\mathrm{d}a + \frac{\partial^2\pi}{\partial a\partial\theta_4}\mathrm{d}\theta_4 = 0$$

由式（5-1）可得：

$$\frac{\partial^2\pi}{\partial a\partial\theta_1} = -E'_a \cdot \mu \cdot t > 0, \frac{\partial^2\pi}{\partial a\partial\theta_2} = -\theta_3 \cdot E'_a \cdot (1-\mu) \cdot t - \theta_4 \cdot E'_a \cdot F_1 > 0$$

$$\frac{\partial^2\pi}{\partial a\partial\theta_3} = -\theta_2 \cdot E'_a \cdot (1-\mu) \cdot t > 0, \frac{\partial^2\pi}{\partial a\partial\theta_4} = -\theta_2 \cdot E'_a \cdot F_1 > 0$$

由于企业利润最大化的二阶条件要求 $\frac{\partial^2\pi}{\partial a^2}<0$，所以，对于企业有

$$\frac{\mathrm{d}a}{\mathrm{d}\theta_1} = -\frac{\partial^2\pi}{\partial a\partial\theta_1}\Big/\frac{\partial^2\pi}{\partial a^2} > 0, \frac{\mathrm{d}a}{\mathrm{d}\theta_2} = -\frac{\partial^2\pi}{\partial a\partial\theta_2}\Big/\frac{\partial^2\pi}{\partial a^2} > 0$$

$$\frac{\mathrm{d}a}{\mathrm{d}\theta_3} = -\frac{\partial^2\pi}{\partial a\partial\theta_3}\Big/\frac{\partial^2\pi}{\partial a^2} > 0, \frac{\mathrm{d}a}{\mathrm{d}\theta_4} = -\frac{\partial^2\pi}{\partial a\partial\theta_4}\Big/\frac{\partial^2\pi}{\partial a^2} > 0$$

根据式（5-1）可知，规制主体的四种环境规制行为（征收、监察、补征、处罚）共同决定了环境规制实施强度 θ，即 $\theta=\theta_1+\theta_2\cdot\theta_3+\theta_2\cdot\theta_4$，$0\leqslant\theta\leqslant3$。在保持其他三种行为概率不变的前提下，任何一种单一行为概率的增大都会使企业增加治污投入，而任何一种单一行为概率的增大都是提高了环境规制实施的强度 θ。情形 2

中,由式(5-2)可知,环境规制实施强度为 $\theta=\theta_1+\theta_2\cdot\theta_3,0\leqslant\theta\leqslant2$。同理,对于情形 2,也能得到同样的结论。由此可得,在一定的环境规制政策标准下,规制主体提高环境规制实施强度能够促使企业增加治污投入。

在式(5-1)中, $-\theta_1\cdot\hat{e}\cdot t-\theta_2\cdot[\theta_3\cdot(E-\hat{e})\cdot t+\theta_4\cdot(E-\bar{e})\cdot F_1]$ 是环境规制政策标准和环境规制实施强度共同作用于企业排污行为所产生的环境规制直接成本。假设环境规制总强度 k 由环境规制政策标准因子 s 和环境规制实施强度 θ 共同决定,环境规制总强度函数可以表示为 $k(\theta,s)\geqslant0$。环境规制政策标准因子是环境规制总强度函数的外生变量, $s>0$,代表了环境规制政策标准的严格程度, s 越大,表示政策标准越严格,比如排污费率 t 的提高、超标排污罚款费率 F_1 的提高以及污染物标准排放量 $\bar{e}$ 的下降。对于所有的 s,有 $k(0,s)=0$,即当规制主体不执行环境规制时,环境规制政策标准将形同虚设,环境规制总强度为 0; $\frac{\partial k}{\partial\theta}>0$,即在一定的环境规制政策标准下,环境规制实施强度越大,则环境规制总强度越大; $\frac{\partial k}{\partial s}>0$,即在一定的环境规制实施强度下,环境规制政策标准越高,则环境规制总强度越大。

综合以上分析,我们可以得出企业治污投入的函数表达式: $a=a[k(\theta,s)]$, $\frac{\partial a}{\partial k}>0$, $a[k(0,s)]=0$。该表达式的含义在于,环境规制实施强度对于企业来说是一种约束力,企业治污投入是在环境规制实施强度的约束下产生的行为。环境规制实施强度越大,这种约束力就越大,企业就会增加更多的治污投入,如果不执行环境规制,环境规制总强度为 0,则理性的企业不会进行任何治污活动,这与现实中企业一般不会自觉削减污染是相符的。

5.4　环境规制实施均衡模型构建

在环境规制过程中,规制主体会理性地调节环境规制实施强度,努力提升经济收益和行政收益,追逐自身效用最大化。假设规制主体效用函数具体表示为 $L(\theta,\pi)$,其中 θ 为环境规制实施强度, π 为企业利润。规制主体效用 $L(\theta,\pi)$ 随着 θ 的提高而上升,这是因为提高环境规制实施强度能够增加规制主体的直接收益(排污收费),而且提高环境规制实施强度增加了环境规制总强度,约束力的加强使企业的治污投入增加、污染物排放量下降,从而促进了规制主体完成环保指标任务。通过考核体系中环境指标的权重系数 $\delta_1(0<\delta_1<1)$,完成环保任务增加了规制主体的行政收益。 δ_1 越大,环境规制实施强度对规制主体行政收益的影响越大。直接收益和行政收益的增加提高了规制主体的效用水平。 $L(\theta,\pi)$ 随着 π 的增加而上升,这是因为企业利润既可以通过税率、税收留成比例影响规制主体的经济收益,也可以通过考核体系中的经济指标权重系数影响规制主体的行政收益。当企业利润提

高时,既能增加规制主体的经济收益,也能增加规制主体的行政收益,从而提高规制主体效用。设 δ_2 为企业利润对规制主体效用的影响系数,$0<\delta_2<1$。δ_2 由税率、税收留成比例、支出责任和考核体系中经济指标权重系数四个影响因子决定,其中税率和税收留成比例属于财税制度因子,这两个因子越大,企业利润对规制主体经济收益的影响越大;支出责任越大,规制主体对经济收益(财政收入)的重视度就越大,从而提高了经济收益对规制主体效用的影响程度;考核体系中经济指标权重系数越大,企业利润对规制主体行政收益的影响越大。总之,以上四个影响因子越大,则 δ_2 越大,即企业利润对规制主体效用的影响越大。根据 Stigler 的回报率边际递减的假设,环境规制实施强度和企业利润给规制主体带来的边际效用是递减的,即 $\frac{\partial^2 L}{\partial \theta^2}<0,\frac{\partial^2 L}{\partial \pi^2}<0$。另外,环境规制实施强度的边际效用不随利润的变化而变化,即 $\frac{\partial^2 L}{\partial \theta \partial \pi}=0$,反之亦然,即 $\frac{\partial^2 L}{\partial \pi \partial \theta}=0$。因此,在以横轴表示环境规制实施强度 θ、纵轴表示企业利润 π 的图 5-3 中,规制主体效用无差异曲线 L 的斜率为负,规制主体效用会沿右上方向不断提高,即 $L_3>L_2>L_1$。

由于情形 2($\theta=\theta_1+\theta_2 \cdot \theta_3$)实际上属于情形 1($\theta=\theta_1+\theta_2 \cdot \theta_3+\theta_2 \cdot \theta_4$)的一种特殊情况,因此以下内容将基于更为一般化的情形 1 进行讨论。提高环境规制实施强度不仅会增加企业直接缴纳的排污费用,而且会使企业增加治污投入,而增加治污投入又会使治污成本 $C_1(a)$ 上升,所以规制主体提高环境规制实施强度会使企业利润降低,即 $\frac{\partial \pi}{\partial \theta}<0$;随着环境规制实施强度的不断提高,企业不断增加治污投入,治污成本 $C_1(a)$ 加速上升,企业利润将呈现加速下降的趋势,即 $\frac{\partial^2 \pi}{\partial \theta^2}<0$,因此企业的利润曲线 $\pi(\theta)$ 是凹的。在 E 点,$\theta_E=3$,表示规制主体严格施行环境规制,企业利润为 $\pi_E=R-C_1(a)-\hat{e} \cdot t-(E-\hat{e}) \cdot t-(E-\bar{e}) \cdot F_1,\pi_E \geq 0$;在 D 点,$\theta_D=0$,表示规制主体不实施环境规制,企业利润为 $\pi_D=R$。

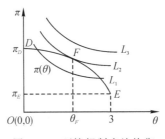

图 5-3　环境规制实施均衡

规制主体会选择环境规制实施强度使其效用最大化:

$$\max_{\theta} L(\theta, \pi)$$
$$\text{s.t.} \quad \pi = \pi(\theta)$$

上述规划转化为无约束规划问题：

$$\max_{\theta} L[\theta, \pi(\theta)]$$

一阶最优条件为

$$\frac{\partial L}{\partial \theta} + \frac{\partial L}{\partial \pi} \frac{\partial \pi}{\partial \theta} = 0$$

　　由此可得均衡条件为 $\frac{\partial L}{\partial \theta} / \frac{\partial L}{\partial \pi} = -\frac{\partial \pi}{\partial \theta}$。环境规制实施强度和企业利润可被视为满足规制主体效用的两种要素，两要素的边际效用之比等于环境规制实施强度对于企业利润的边际替代率，即 $\frac{\partial L}{\partial \theta} / \frac{\partial L}{\partial \pi} = \mathrm{MRS}_{\theta\pi}$，所以有 $\mathrm{MRS}_{\theta\pi} = -\frac{\partial \pi}{\partial \theta}$。等式左端 $\mathrm{MRS}_{\theta\pi}$ 的几何意义是任意一点上无差异曲线斜率的绝对值，其经济含义为，在效用水平不变的条件下，规制主体为了增加单位环境规制实施强度所愿意放弃的企业利润的数量。由于 $\frac{\partial \pi}{\partial \theta} < 0$，所以等式右端 $-\frac{\partial \pi}{\partial \theta}$ 的几何意义是任意一点上企业利润曲线斜率的绝对值，其经济含义为，规制主体增加单位环境规制实施强度对企业造成的利润损失的数量。该均衡条件揭示出，规制主体通过调节环境规制实施强度，不断提高自身效用，无差异曲线 L 向右上方移动直至与利润曲线相切，在切点 F 处，无差异曲线斜率的绝对值等于企业利润曲线斜率的绝对值。此时，在固定的效用水平下，规制主体为了增加单位环境规制实施强度所愿意放弃的企业利润等于增加单位环境规制实施强度对企业造成的利润损失，规制主体效用达到最大，从而不再调整环境规制实施强度。切点 F 即为环境规制均衡点，对应的环境规制实施强度为 θ_F。

5.5　环境规制实施均衡的动态分析

　　如果规制主体效用无差异曲线以及企业利润曲线的形状不发生变化，那么由两种曲线确定的环境规制实施强度也不会发生变化。这是因为在均衡状态下，规制主体效用达到最大值，所以没有任何激励去改变现有的环境规制实施强度。财税体系和环境规制政策等因素通过影响并改变了无差异曲线和利润曲线的形状，进而改变了环境规制均衡强度。

5.5.1　制度因素对规制均衡的影响

　　在一定的财税制度下，规制主体的经济收益主要源于企业利润；指标任务的完成、辖区公共服务等支出责任的有效实施，都需要财政收入的有力保证，提高了规制主体对财政收入的重视度;考核体系中相对较高的经济指标权重,使得企业利润对规制主体行政收益的影响也比较大。这些方面的原因加大了企业利润对规制主体效用的影响,因此在现行的财税体系下,企业利润对规制主体效用的影响系数 δ_2 是比较大的,相应地企业利润给规制主体带来的边际效用 $\frac{\partial L}{\partial \pi}$ 也比较大。与此形成反差的是,考核体系中环境指标的权重系数则相对较低,因此环境规制实施强度给规制主体带来的边际效用 $\frac{\partial L}{\partial \theta}$ 则比较小[181]。较大的企业利润边际效用和较小的环境规制实施强度边际效用共同降低了边际替代率 $MRS_{\theta\pi}$,$MRS_{\theta\pi}$ 越小,说明在效用不变的条件下规制主体为增加单位环境规制实施强度所愿意放弃的企业利润越少,即企业利润对于规制主体的重要性相对更大,具体表现为无差异曲线 L 的形状较为平坦。假设为了达成合意的环境质量水平 W_2^*,制定环境规制政策标准为 s_1,要求规制主体施行的环境规制实施强度为 $\theta_E = 3$,即要求严格施行。如果规制主体严格施行环境规制,企业在缴纳排污费并进行污染治理后,所获得的合理利润为 π_E。而规制主体为了实现自身效用最大化,选择执行的环境规制实施强度为 θ_F,较为平坦的无差异曲线与企业利润曲线的切点所对应的 $\theta_F < 3$,企业所获得的实际利润为 π_F。环境规制实施强度的下降放松了对企业治理污染的约束,企业的不完全治污节省了治污成本,所以有 $\pi_F > \pi_E$。$\pi_F - \pi_E$ 为企业获得的超额利润,其实质是本应由企业承担,但实际却被转移给社会的环境污染外部成本(见图 5 - 4)。这种状态造成了环境质量恶化。

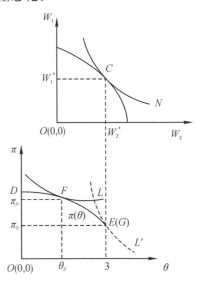

图 5 - 4　制度因素对规制均衡的影响

为了提高规制主体的环境规制实施强度,一方面可以降低企业利润给规制主体带来的边际效用 $\frac{\partial L}{\partial \pi}$,另一方面也可以提高环境规制实施强度给规制主体带来的边际效用 $\frac{\partial L}{\partial \theta}$,或者对两个方面同时调整,从而提高环境规制实施强度对于企业利润的边际替代率 $\mathrm{MRS}_{\theta\pi}$,具体表现为无差异曲线 L' 变得更加陡峭。规制主体通过调节环境规制实施强度提高自身效用,当无差异曲线 L' 与利润曲线相切时,规制主体效用达到最大值,新的环境规制均衡点 G 所对应的环境规制实施强度为 θ_G,$\theta_G > \theta_F$,直至 $\theta_G = \theta_E = 3$。

5.5.2　环境规制政策标准对规制均衡的影响

假设环境规制均衡的初始点为图 5-5 所示的 E 点,此时环境规制政策标准为 s_1,规制主体为了实现自身效用最大化,选择执行无差异曲线 L 与利润曲线 $\pi(\theta)$ 的切点 E 所对应的环境规制实施强度 θ_E,企业获得利润为 π_E。当决策主体决心改善环境质量,从而提高环境规制政策标准时,环境规制标准由 s_1 变为 s_2,$s_2 > s_1$。提高环境规制政策标准增大了环境规制总强度 k,除了增加企业的直接排污费用以外,还会使企业的治污成本增大,企业利润曲线由 $\pi(\theta)$ 变为由虚线表示的 $\pi'(\theta)$。在环境规制实施强度保持不变的情况下(θ_E),提高环境规制政策标准使企业利润由 π_E 下降至 π_F,$\pi_E - \pi_F$ 为理论上规制标准提高所引致的企业外部成本内部化的增加量,也就是理论上环境质量的改善程度。但实际上,当企业利润曲线变化后,理性的规制主体并不会维持原有的环境规制实施强度,而是会追求自身效用最大化,当无差异曲线 L' 与利润曲线 $\pi'(\theta)$ 相切时,规制主体效用达到最大,在 G 点建立新的环境规制均衡,对应的环境规制实施强度为 θ_G,$\theta_G < \theta_E$,规制强度下降了,对应的企业利润为 π_G。无差异曲线 L' 的形状会比 L 的形状更加陡峭一些,这是因为环境规制政策标准的提高增加了规制主体单位环境规制实施强度的直接收益(排污收费),从而增大了环境规制实施强度给规制主体带来的边际效用 $\frac{\partial L}{\partial \theta}$。$\pi_E - \pi_G$ 为提高环境规制政策标准带来的实际的外部成本内部化的增加量,也就是环境质量的实际改善程度。$\pi_G - \pi_F$ 为规制主体降低环境规制实施强度所导致的环境规制政策效果的损失程度,初始的规制主体效用无差异曲线 L 的形状越平坦,这种政策效果损失就越大,尤其是,当规制主体效用无差异曲线 L 过于平坦时,提高环境规制政策标准的效果将会被规制主体的环境规制实施强度下降完全抵消,即 $\pi_E - \pi_F = \pi_G - \pi_F$,甚至会产生环境规制政策标准的提高反而恶化了环境质量的现象,即 $\pi_E - \pi_F < \pi_G - \pi_F$。反之,规制主体效用无差异曲线的形状越陡峭,提高环境规制政策标准对环境规制实施强度的降低作用就越小,政策效果损失就越小。尤其是当规制主体效用无差异曲线的形状过于陡峭时,提高环境规制政策标准将会

促进环境规制实施强度的提高,更加陡峭的无差异曲线 L'' 与利润曲线 $\pi'(\theta)$ 的切点为 H,对应的环境规制实施强度为 $\theta_H,\theta_H>\theta_E$。

以上分析揭示出,当决策主体为了应对环境污染问题而提高环境规制政策标准时,如果不辅以制度建设对规制主体的目标函数进行调节,或者采取其他措施降低环境规制政策标准对企业利润造成的负面影响,规制主体的环境规制实施强度将有可能下降,从而导致环境规制政策标准无法有效落实,规制政策效果大打折扣。这也从一个侧面揭示了环境政策法规的不断出台,却没有使得环境污染问题得以有效遏制的重要原因。

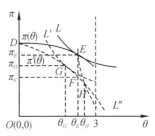

图 5-5 环境规制政策标准对规制均衡的影响

5.5.3 治污补贴和污染削减技术创新对规制均衡的影响

除了制度因素和环境规制政策因素,该环境规制均衡模型还能够考察治污补贴和污染削减技术创新对环境规制实施的影响。如图 5-6 所示,在获得治污补贴之前,企业利润函数为 $\pi(\theta)$,规制主体为了实现自身效用最大化,选择执行无差异曲线 L 与利润曲线 $\pi(\theta)$ 的切点 F 所对应的环境规制实施强度 θ_F。当企业获得治污补贴之后,具体表现为单位治污投入的成本降低了,亦即环境规制实施强度对企业利润造成的负面影响下降了,企业利润曲线由 $\pi(\theta)$ 变为由虚线表示的 $\pi'(\theta)$。规制主体选择执行无差异曲线 L' 与利润曲线 $\pi'(\theta)$ 的切点 G 所对应的环境规制实施强度 θ_G,且 $\theta_G>\theta_F$,可见治污补贴能够促使规制主体提高环境规制实施强度。

如图 5-7 所示,在采用较为先进的污染削减技术之前,企业利润函数为 $\pi(\theta)$,规制主体为了实现自身效用最大化,选择执行无差异曲线 L 与利润曲线 $\pi(\theta)$ 的切点 F 所对应的环境规制实施强度 θ_F。当企业采用了较为先进的污染削减技术之后,具体表现为单位治污投入的成本降低或单位治污投入的污染物削减量增加,这两方面变化的本质都是环境规制实施强度对企业利润造成的负面影响下降了,企业利润曲线由 $\pi(\theta)$ 变为由虚线表示的 $\pi'(\theta)$。区别在于,如果污染削减技术创新表现为单位治污投入的成本降低,则其对环境规制实施强度的影响与治污补贴对环境规制实施强度的影响相同(见图 5-6);如果污染削减技术创新表现为单位治污投入的污染物削减量增加,则会由于企业排污量的下降使规制主体单位环境规制实施强度的直接收益(排污收费)降低,使规制主体单位环境规制实施强度的行政收益增加,因此环境规制实施强度给规制主体带来的边际效用 $\frac{\partial L}{\partial \theta}$ 的变化是无法

确定的。如果 $\frac{\partial L}{\partial \theta}$ 降低了,则规制主体效用无差异曲线的形状变得相对平坦,规制主体选择执行无差异曲线 L' 与利润曲线 $\pi'(\theta)$ 的切点 G 所对应的环境规制实施强度 θ_G,尽管在图 5-6 中有 $\theta_G > \theta_F$,污染削减技术创新促进了规制主体提高环境规制实施强度,但是如果规制主体单位环境规制实施强度的直接收益(排污收费)下降过多,规制主体效用无差异曲线的形状变得过于平坦,则会使 $\theta_G = \theta_F$,甚至 $\theta_G < \theta_F$,导致污染削减技术创新不影响规制主体的环境规制实施强度或者降低了规制主体的环境规制实施强度。如果 $\frac{\partial L}{\partial \theta}$ 没有发生变化,则规制主体效用无差异曲线的形状没有变化,规制主体选择执行无差异曲线 L'' 与利润曲线 $\pi'(\theta)$ 的切点 H 所对应的环境规制实施强度 θ_H,$\theta_H > \theta_F$,污染削减技术创新促进了规制主体提高环境规制实施强度。如果 $\frac{\partial L}{\partial \theta}$ 增大了,则规制主体效用无差异曲线的形状变得相对陡峭,规制主体选择执行无差异曲线 L''' 与利润曲线 $\pi'(\theta)$ 的切点 J 所对应的环境规制实施强度 θ_J,$\theta_J > \theta_F$,污染削减技术创新促进了规制主体提高环境规制实施强度。

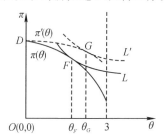

图 5-6　治污补贴对规制均衡的影响

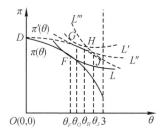

图 5-7　污染削减技术对规制均衡的影响

5.6 本章小结

本章归纳提炼了规制主体的目标函数,最后基于规制利益集团理论的 S - P 模型,以排污收费制度为例构建了环境规制实施均衡模型,分别考察了制度因素、环境规制政策标准、治污补贴和污染削减技术创新对环境规制实施强度的影响。已有的规制均衡研究在分析市场失灵问题时,通常将原因归于规制供给小于或大于规制需求所形成的规制失衡,进而主张提高规制供给以纠正规制缺位,或者降低规制供给以纠正规制越位。现实中环境污染问题的持续性,以及环境规制所表现的延续性和稳定性,反映出环境规制总是会处于一定的均衡状态,而不是失衡状态。环境规制的均衡状态并不意味着实现了资源最优配置和社会福利最大化,环境规制实施均衡强度低于要求的严格施行强度,既是规制主体目标与环保目标之间差异的直观表现,也是环境污染问题难以得到有效遏制的重要原因。

第6章　环境规制实施演化博弈分析

6.1　演化博弈理论与环境规制实施

第5章的理论分析是以完全理性的效用最大化为基本假设,完全理性的经济主体能够找到实现目标的所有备选方案、预见这些方案的实施后果,并依据某种价值标准在方案中做出最优选择。现实环境的不确定性和复杂性,以及个人能力的有限性,使得穷尽所有的可能行为同时预见行为的结果是不可能的。实际上,人的行为是理性的,但这种理性又是有限的。正如道格拉斯·诺斯所言,人的行为依赖的是经验学习和惯性行动,而不是理性的计算。本章将以第5章为基础,放松经济主体行为的前提假设,并继续将环境规制视为由环境政策标准和规制实施强度共同决定的、针对企业排污行为的一种外在约束力(涵盖命令控制型和市场激励型规制工具),从而拓宽环境规制实施的研究范围。本章通过深入研究经济主体之间的互动过程和行为特征,以期更加贴近现实地分析影响环境规制实施的主要因素和作用途径。

6.1.1　演化博弈理论概述

演化博弈理论(evolutionary game theory)源于达尔文的生物进化论。1961年,Lewontin 发现在优胜劣汰的原则下,没有思维、非理性生物的行为却可以趋于纳什均衡,理性要求并不是纳什均衡的必要条件,首次运用博弈论解释了生态现象。Lewontin 的研究为预测群体的最终行为提供了理论依据,同时也为演化博弈理论的产生奠定了基础[182]。1973 年,Smith 和 Price 提出了演化稳定策略的概念[183];1978 年,Taylor 和 Jonker 提出了复制动态的概念。自此以后,演化博弈理论逐渐受到了学术界的普遍关注和广泛应用,越来越多的学者运用演化博弈理论来分析诸如社会制度变迁、股市发展方向、消费者对品牌的选择以及社会习俗形成等问题。

经典博弈论以完全理性为前提,强调自利原则。演化博弈论以有限理性为前提,以适应度取代自利原则,着重研究博弈参与方的反复博弈过程和最优稳定策略,进而用某种长期的表现和生存的准则来预测个体行为。演化博弈论只要求参与方知道什么是成功行为、什么是不成功行为,而不必知道为什么是成功与不成功,对参与方的理性要求较少,因而能够更加贴近现实地解释经济现象。演化博弈论认为,人会受到制度、历史、社会等因素的影响,当遇到复杂问题时,人往往会凭直觉采取行动,或对其他成功者的行为进行模仿。由于有限理性,在反复的博弈过程中,博弈参与方不可能在每一次博弈中都能找到最优策略,而是会不断尝试、比较、总结和学习,根据自己和别人的经验来调整策略。采用高收益策略的群体在整个种群中的比重会逐渐上升,更为有效的策略会在种群中传播开来,不太成功的策略或非最优行为会被逐渐淘汰,所有的博弈方最终会趋向于某个稳定策略并达到均衡状态,即演化稳定策略。演化稳定策略是比纳什均衡更为严格的均衡,是在现实中可以真正实现的纳什均衡。

演化博弈模型的一般形式通常包括两个重要部分,一个是着眼于稳定条件的演化稳定策略(evolutionarily stable strategy, ESS),一个是用于揭示动态过程的决策机制。演化稳定策略是演化博弈论最基本的均衡概念,它是指当群体达到能够消除任何小的突变的状态时所选择的策略,具体可以表述为[184]:假设博弈方的纯策略集合为 s,用 Δs 表示相应的混合策略集合。针对博弈方 2 选择策略 $y \in \Delta s$ 时,博弈方 1 选择策略 $x \in \Delta s$ 的收益为 $f(x, y)$。若对所有可选策略 $y \in \Delta s, x \in \Delta s$ 满足:对任意的 y,有 $f(x, x) > f(y, x)$;如果 $f(x, x) = f(y, x)$,有 $f(y, x) = f(y, y)$,则称 $x \in \Delta s$ 为 ESS。其含义在于,重复博弈中的有限理性个体不断调整策略以追求自身收益的改善,最终达到一种动态平衡,在这种平衡状态下,任何个体都会趋于某个稳定策略而不愿再改变,即便在受到少量错误干扰后仍能恢复均衡。

决策机制则可以被理解为个体在对博弈局势的认识与学习过程中确定动态演化行为的选择规则,目前较为常用的决策机制为基于生物进化的复制动态模型。复制动态模型是描述某特定策略在群体中被采用比例的动态微分方程,能够模拟有限理性个体的策略调整过程,表示为:$\dfrac{dx_k}{dt} = x_k [u(k, s) - u(s, s)]$。其中,$s$ 表示群体的纯策略集合,k 表示 s 中的某一策略,x_k 表示群体中采取策略 k 的比例,$\dfrac{dx_k}{dt}$ 表示 x_k 随着时间的变化率,$u(k, s)$ 表示采取策略 k 的收益,$u(s, s)$ 表示群体的平均收益。复制动态模型的含义在于:群体中采取某策略的比例的变化率与初始该策略被采用的比例成正比,与该策略期望收益超出群体平均收益的幅度成正比。因此,高于群体平均收益的策略会被群体成员学习和模仿,群体中采取该策略的比例将会随着时间的变化逐渐增加;反之,低于群体平均收益的策略会被逐渐淘汰,群体中采取该策略的比例将会随着时间的变化不断减少[185]。

6.1.2 演化博弈在环境规制中的适用性

环境规制中的主要相关主体包括监督主体、规制主体和排污企业,其中监督主体追求体现公众意愿的社会福利最大化,规制主体追求自身效用最大化,排污企业追求利润最大化。监督主体会对规制主体的环境规制状况进行监督,而规制主体在贯彻环境政策的同时,也在不断以实际行动维护自身利益;规制主体会根据企业的治污、排污行为调节环境规制实施强度,而排污企业则会根据规制主体的环境规制行为不断变换治污策略。由于生态环境的一体化和污染物的扩散性质,环境污染往往具有区域性和跨界性的特点,比如,空气污染中处于下风向的地区容易受到处于上风向地区的排污影响,流域污染(单向跨界污染)中下游地区容易受到上游地区的排污影响。环境污染的负外部性与环境规制实施行为的正外部性,使相邻规制主体之间也存在着规制策略的博弈。总之,由于利益目标的差异和冲突,环境规制中的监督主体与规制主体、规制主体与排污企业以及规制主体之间都存在着博弈关系,而且都属于长期的、动态的重复博弈。

现实中,监督主体对环境规制实施的意愿缺乏了解,规制主体对环境政策决心和监察力度所掌握的信息也十分有限;由于缺乏准确的测量手段,规制主体无法有效查明企业治污的相关信息,排污企业也很难预知规制主体何时会加强还是减弱环境规制力度;规制主体相互之间也很难直接观察到对方的环境规制状况。由于环境污染问题的复杂性、信息的不完全以及认知水平和计算能力等诸多条件的限制,导致博弈参与方的理性程度都比较低,其行为策略都是基于有限理性做出的。监督主体实施监察、环境规制实施以及企业治污的收益,主要体现在污染排放量的下降以及环境质量的改善上,但是这种环境收益往往具有"见效慢"的特点,很难被博弈参与方立刻认识到。各参与方都不是一次博弈就能找到最优策略,而是通过试错、总结和模仿,不断寻找较优策略,最终形成稳定策略。即使达到了稳定策略,各参与方也有可能再次偏离。在这种情况下,静态博弈下的纳什均衡并不能对参与方的行为特征做出真实的描述,而在稳定环境下的长期博弈分析和行为预测才会更加符合实际。演化博弈理论可以从系统的角度分析参与者的稳定策略及其影响因素,考虑到环境规制中博弈参与方的有限理性及其策略调整过程的渐进性,本书使用该理论下的复制动态机制模拟各参与方的重复博弈过程。

6.2　环境规制中规制主体与排污企业的演化博弈模型

6.2.1　模型的假设与符号说明

在规制主体管理范围内,博弈参与方为规制主体和排污企业。在污染削减技术既定的条件下,企业可以选择较高治污投入水平的完全治污,也可以选择较低治污投入水平的不完全治污,其策略集为{完全治污,不完全治污}。环境规制政策标准和规制主体的环境规制实施强度共同决定了环境规制总强度,环境规制实施强度是直接作用在企业排污行为上的一种外在约束力。当环境规制政策标准一定时,环境规制实施强度越大,则环境规制总强度越大;当规制主体不执行环境规制时,环境规制总强度为 0;当环境规制实施强度一定时,提高环境规制政策标准可以提高环境规制总强度。规制主体可以选择较高环境规制实施强度的严格规制,也可以选择较低环境规制实施强度的不严格规制,其策略集为{严格规制,不严格规制}。假设规制主体辖区内的污染物主要来自企业的污染排放,企业的污染排放量可以反映当地的环境质量状况。通过考核体系中的环境指标,企业的污染排放量(环境质量状况)可以影响规制主体的支付水平。通过企业利润对规制主体效用的影响系数,企业利润可以影响规制主体的支付水平。

C_1 为企业的治污成本(完全治污时);q 为由企业产出所决定的污染物产生量;e 为由企业的污染削减技术和治污投入所决定的污染物削减量(完全治污时),$q>e$;k 为环境规制实施强度(严格规制时);δ_1 为考核体系中环境指标的权重系数,$0<\delta_1<1$;δ_2 为企业利润对规制主体效用的影响系数,$0<\delta_2<1$;C_2 为规制主体的环境规制成本(严格规制时),比如规制主体实施环境规制所投入的人力、物力、财力等。

考虑 2×2 非对称重复博弈,规制主体可以随机独立地选择策略"严格规制"和"不严格规制",设环境规制的严格程度为 λ_L,$0\leqslant\lambda_L<1$。λ_L 越小,表示规制越不严格,在支付水平上表现为环境规制成本和环境规制实施强度的下降;当 $\lambda_L=0$ 时,表示规制主体不执行环境规制。企业可以随机独立地选择策略"完全治污"和"不完全治污",设治污力度为 λ_E,$0\leqslant\lambda_E<1$。λ_E 越小,表示治污越不完全,在支付水平上表现为治污成本和污染物削减量的下降;当 $\lambda_E=0$ 时,表示企业不治污。规制主体与企业的阶段博弈支付矩阵如表 6-1 所示,其中,h_1 为企业完全治污时的排污量,$h_1=q-e$;h_2 为企业不完全治污时的排污量,$h_2=q-\lambda_E e$。

表 6-1　规制主体与企业的阶段博弈支付矩阵

治污策略	规制主体严格规制	规制主体不严格规制
企业完全治污	$-C_1-kh_1$, $-C_2-\delta_2(C_1+kh_1)-\delta_1 h_1+kh_1$	$-C_1-k\lambda_L h_1$, $-\lambda_L C_2-\delta_2(C_1+k\lambda_L h_1)-\delta_1 h_1+k\lambda_L h_1$
企业不完全治污	$-\lambda_E C_1-kh_2$, $-C_2-\delta_2(\lambda_E C_1+kh_2)-\delta_1 h_2+kh_2$	$-\lambda_E C_1-k\lambda_L h_2$, $-\lambda_L C_2-\delta_2(\lambda_E C_1+k\lambda_L h_2)-\delta_1 h_2+k\lambda_L h_2$

6.2.2　模型的建立与均衡点稳定性分析

假设企业选择完全治污策略的比例为 x,则选择不完全治污策略的比例为 $1-x$;规制主体选择严格规制策略的比例为 y,则选择不严格规制策略的比例为 $1-y$。

企业选择完全治污策略的适应度为

$$f_1 = y(-C_1 - kh_1) + (1-y)(-C_1 - k\lambda_L h_1)$$

选择不完全治污策略的适应度为

$$f_2 = y(-\lambda_E C_1 - kh_2) + (1-y)(-\lambda_E C_1 - k\lambda_L h_2)$$

平均适应度为

$$\overline{f}_{12} = xf_1 + (1-x)f_2$$

根据 Malthusian 方程[186]，企业选择完全治污策略的数量增长率 $\dot{x}/x$ 为其适应度 f_1 减去平均适应度 $\overline{f}_{12}$，将相关表达式代入并整理可以得到：

$$\dot{x}/x = (1-x)[yke(1-\lambda_E)(1-\lambda_L) - (1-\lambda_E)(C_1 - k\lambda_L e)] \quad (6-1)$$

规制主体选择严格规制策略的适应度为

$$f_3 = x[-C_2 - \delta_2(C_1 + kh_1) - \delta_1 h_1 + kh_1] + $$
$$(1-x)[-C_2 - \delta_2(\lambda_E C_1 + kh_2) - \delta_1 h_2 + kh_2]$$

选择不严格规制策略的适应度为

$$f_4 = x[-\lambda_L C_2 - \delta_2(C_1 + k\lambda_L h_1) - \delta_1 h_1 + k\lambda_L h_1] + $$
$$(1-x)[-\lambda_L C_2 - \delta_2(\lambda_E C_1 + k\lambda_L h_2) - \delta_1 h_2 + k\lambda_L h_2]$$

平均适应度为

$$\overline{f}_{34} = yf_3 + (1-y)f_4$$

同理，将相关表达式代入后整理，得到规制主体选择严格规制策略的数量增长率 $\dot{y}/y$ 为

$$\dot{y}/y = (1-y)[k(q-\lambda_E e)(1-\lambda_L)(1-\delta_2) - C_2(1-\lambda_L) - $$
$$xke(1-\lambda_L)(1-\lambda_E)(1-\delta_2)] \quad (6-2)$$

将式（6-1）和式（6-2）联立，得到规制主体与企业的复制动态系统为

$$\begin{cases} \dot{x} = x(1-x)[yke(1-\lambda_E)(1-\lambda_L) - (1-\lambda_E)(C_1 - k\lambda_L e)] \\ \dot{y} = y(1-y)[k(q-\lambda_E e)(1-\lambda_L)(1-\delta_2) - C_2(1-\lambda_L) - \\ \quad xke(1-\lambda_L)(1-\lambda_E)(1-\delta_2)] \end{cases} \quad (6-3)$$

复制动态系统（6-3）的均衡点所对应的策略组合为演化博弈的一个均衡，简称为演化均衡[187]。如果从系统中某均衡点的任意小邻域内出发的轨线最终都演化趋向于该均衡点，则称该均衡点是局部渐近稳定的，即演化稳定点[188]。利用雅可比矩阵的局部稳定分析方法可以分析均衡点的局部渐进稳定性，并由此得到演化稳定点及其对应的演化稳定策略（ESS）。对系统中的复制动态方程分别求关于 x 和 y 的偏导数，则其雅可比矩阵为[189]

$$\boldsymbol{J} = \begin{bmatrix} (1-2x)[yke(1-\lambda_E)(1-\lambda_L) - & x(1-x)[ke(1-\lambda_E)(1-\lambda_L)] \\ (1-\lambda_E)(C_1 - k\lambda_L e)] & \\ y(1-y)[-ke(1-\lambda_L)(1-\lambda_E)(1-\delta_2)] & (1-2y)[k(q-\lambda_E e)(1-\lambda_L)(1-\delta_2) - \\ & C_2(1-\lambda_L) - xke(1-\lambda_L)(1-\lambda_E)(1-\delta_2)] \end{bmatrix}$$

则矩阵 $\boldsymbol{J}$ 的行列式为

$$\det\boldsymbol{J} = (1-2x)\big[yke(1-\lambda_E)(1-\lambda_L) - (1-\lambda_E)(C_1 - k\lambda_L e)\big](1-2y)$$
$$\big[k(q-\lambda_E e)(1-\lambda_L)(1-\delta_2) - C_2(1-\lambda_L) - xke(1-\lambda_L)(1-\lambda_E)(1-\delta_2)\big]$$
$$- x(1-x)\big[ke(1-\lambda_E)(1-\lambda_L)\big]y(1-y)\big[-ke(1-\lambda_L)(1-\lambda_E)(1-\delta_2)\big]$$

矩阵 $\boldsymbol{J}$ 的迹为

$$\mathrm{tr}\boldsymbol{J} = (1-2x)\big[yke(1-\lambda_E)(1-\lambda_L) - (1-\lambda_E)(C_1 - k\lambda_L e)\big] +$$
$$(1-2y)\big[k(q-\lambda_E e)(1-\lambda_L)(1-\delta_2) - C_2(1-\lambda_L) -$$
$$xke(1-\lambda_L)(1-\lambda_E)(1-\delta_2)\big]$$

在系统(6-3)中,令 $\dot{x}=0,\dot{y}=0$,可以得到均衡点为 $O(0,0),A(1,0),B(1,1)$, $C(0,1),D(x^*,y_1^*)$,其中 $x^* = \dfrac{k(q-\lambda_E e)(1-\delta_2) - C_2}{ke(1-\lambda_E)(1-\delta_2)}$,$y_1^* = \dfrac{(C_1 - k\lambda_L e)}{ke(1-\lambda_L)}$。将系统均衡点数值代入,整理后得到矩阵行列式和迹的表达式如表 6-2 所示。

表 6-2　系统(6-3)均衡点对应的矩阵行列式和迹表达式

均衡点 (x,y)		矩阵行列式和迹表达式
$O(0,0)$	$\det\boldsymbol{J}$	$(1-\lambda_E)(1-\lambda_L)(k\lambda_L e - C_1)\big[k(q-\lambda_E e)(1-\delta_2) - C_2\big]$
	$\mathrm{tr}\boldsymbol{J}$	$(1-\lambda_E)(k\lambda_L e - C_1) + (1-\lambda_L)\big[k(q-\lambda_E e)(1-\delta_2) - C_2\big]$
$A(1,0)$	$\det\boldsymbol{J}$	$-(1-\lambda_E)(1-\lambda_L)(k\lambda_L e - C_1)\big[k(q-e)(1-\delta_2) - C_2\big]$
	$\mathrm{tr}\boldsymbol{J}$	$-(1-\lambda_E)(k\lambda_L e - C_1) + (1-\lambda_L)\big[k(q-e)(1-\delta_2) - C_2\big]$
$B(1,1)$	$\det\boldsymbol{J}$	$(1-\lambda_E)(1-\lambda_L)(ke - C_1)\big[k(q-e)(1-\delta_2) - C_2\big]$
	$\mathrm{tr}\boldsymbol{J}$	$-(1-\lambda_E)(ke - C_1) - (1-\lambda_L)\big[k(q-e)(1-\delta_2) - C_2\big]$
$C(0,1)$	$\det\boldsymbol{J}$	$-(1-\lambda_E)(1-\lambda_L)(ke - C_1)\big[k(q-\lambda_E e)(1-\delta_2) - C_2\big]$
	$\mathrm{tr}\boldsymbol{J}$	$(1-\lambda_E)(ke - C_1) - (1-\lambda_L)\big[k(q-\lambda_E e)(1-\delta_2) - C_2\big]$
$D(x^*,y_1^*)$	$\det\boldsymbol{J}$	$\dfrac{\big[k(q-\lambda_E e)(1-\delta_2) - C_2\big]\big[k(q-e)(1-\delta_2) - C_2\big](ke - C_1)(k\lambda_L e - C_1)}{k^2 e^2(1-\delta_2)}$
	$\mathrm{tr}\boldsymbol{J}$	0

表达式中,令 $\pi_1 = (1-\lambda_L)\big[k(q-\lambda_E e)(1-\delta_2) - C_2\big]$,$\pi_2 = (1-\lambda_L)\big[k(q-e)(1-\delta_2) - C_2\big]$,$\pi_3 = (1-\lambda_E)(ke - C_1)$,$\pi_4 = (1-\lambda_E)(k\lambda_L e - C_1)$。其中,$\pi_1$ 为企业不完全治污时,相对于不严格规制,规制主体选择严格规制的净收益,简称为企业不完全治污时规制主体严格规制的净收益;π_2 为企业完全治污时,相对于不严格规制,规制主体严格规制的净收益,简称为企业完全治污时规制主体严格规制的净收益;π_3 为规制主体严格规制时,相对于不完全治污,企业选择完全治污的净收益,简称为规制主体严格规制时企业完全治污的净收益;π_4 为规制主体不严格规制时,相对于不完全治污,企业选择完全治污的净收益,简称为规制主体不严格规

制时企业完全治污的净收益。由表达式容易得出，$\pi_1 > \pi_2$，$\pi_3 > \pi_4$。依据演化博弈理论，满足 det$J > 0$、tr$J < 0$ 的均衡点为系统的演化稳定点，以下对不同情形下的演化博弈稳定策略进行讨论。

1. 情形 1：$\pi_1 < 0$，$\pi_3 < 0$

当企业不完全治污时规制主体严格规制的净收益小于 0，规制主体严格规制时企业完全治污的净收益小于 0 时，点 $B(1,1)$ 为不稳定源点，点 $O(0,0)$ 为演化稳定点，其对应的演化稳定策略为(不完全治污，不严格规制)，即企业选择不完全治污，规制主体选择不严格规制(见表 6-3)。规制主体与企业的行为演化过程如图 6-1 所示。

表 6-3　均衡点局部稳定性(情形 1)

均衡点	det$J$	tr$J$	稳定性
$(0,0)$	$+$	$-$	演化稳定点
$(1,0)$	$-$	$\pm$	鞍点
$(1,1)$	$+$	$+$	不稳定
$(0,1)$	$-$	$\pm$	鞍点
(x^*, y_1^*)	$+$	0	中心点

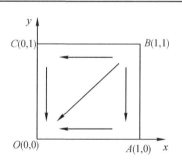

图 6-1　情形 1 时系统的演化相位图

2. 情形 2：$\pi_1 < 0$，$\pi_3 > 0$，$\pi_4 < 0$

当企业不完全治污时规制主体严格规制的净收益小于 0，规制主体严格规制时企业完全治污的净收益大于 0、规制主体不严格规制时企业完全治污的净收益小于 0 时，点 $C(0,1)$ 为不稳定源点，点 $O(0,0)$ 为演化稳定点，其对应的演化稳定策略为(不完全治污，不严格规制)，即企业选择不完全治污，规制主体选择不严格规制(见表 6-4)。规制主体与企业的行为演化过程如图 6-2 所示。

表 6-4 均衡点局部稳定性(情形 2)

均衡点	det$J$	tr$J$	稳定性
$(0,0)$	$+$	$-$	演化稳定点
$(1,0)$	$-$	$\pm$	鞍点
$(1,1)$	$-$	$\pm$	鞍点
$(0,1)$	$+$	$+$	不稳定
(x^*, y_1^*)	$-$	0	鞍点

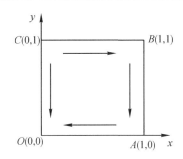

图 6-2 情形 2 时系统的演化相位图

3. 情形 3:$\pi_1 > 0, \pi_2 < 0, \pi_3 < 0$

当企业不完全治污时规制主体严格规制的净收益大于 0、企业完全治污时规制主体严格规制的净收益小于 0,规制主体严格规制时企业完全治污的净收益小于 0 时,点 $B(1,1)$ 为不稳定源点,点 $C(0,1)$ 为演化稳定点,其对应的演化稳定策略为(不完全治污,严格规制),即企业选择不完全治污,规制主体选择严格规制(见表 6-5)。规制主体与企业的行为演化过程如图 6-3 所示。

表 6-5 均衡点局部稳定性(情形 3)

均衡点	det$J$	tr$J$	稳定性
$(0,0)$	$-$	$\pm$	鞍点
$(1,0)$	$-$	$\pm$	鞍点
$(1,1)$	$+$	$+$	不稳定
$(0,1)$	$+$	$-$	演化稳定点
(x^*, y_1^*)	$-$	0	鞍点

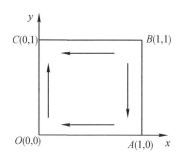

图 6-3　情形 3 时系统的演化相位图

4. 情形 4：$\pi_1 > 0, \pi_2 > 0, \pi_3 < 0$

当企业不完全治污时规制主体严格规制的净收益大于 0、企业完全治污时规制主体严格规制的净收益大于 0，规制主体严格规制时企业完全治污的净收益小于 0 时，点 $A(1,0)$ 为不稳定源点，点 $C(0,1)$ 为演化稳定点，其对应的演化稳定策略为（不完全治污，严格规制），即企业选择不完全治污，规制主体选择严格规制（见表 6-6）。规制主体与企业的行为演化过程如图 6-4 所示。

表 6-6　均衡点局部稳定性（情形 4）

均衡点	det$\mathbf{J}$	tr$\mathbf{J}$	稳定性
$(0,0)$	$-$	$\pm$	鞍点
$(1,0)$	$+$	$+$	不稳定
$(1,1)$	$-$	$\pm$	鞍点
$(0,1)$	$+$	$-$	演化稳定点
(x^*, y_1^*)	$+$	0	中心点

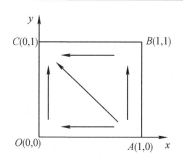

图 6-4　情形 4 时系统的演化相位图

5. 情形 5:$\pi_1>0,\pi_2>0,\pi_3>0,\pi_4<0$

当企业不完全治污时规制主体严格规制的净收益大于 0、企业完全治污时规制主体严格规制的净收益大于 0,规制主体严格规制时企业完全治污的净收益大于 0、规制主体不严格规制时企业完全治污的净收益小于 0 时,点 $A(1,0)$ 为不稳定源点,点 $B(1,1)$ 为演化稳定点,其对应的演化稳定策略为(完全治污,严格规制),即企业选择完全治污,规制主体选择严格规制(见表 6-7)。规制主体与企业的行为演化过程如图 6-5 所示。

表 6-7　均衡点局部稳定性(情形 5)

均衡点	det$\boldsymbol{J}$	tr$\boldsymbol{J}$	稳定性
$(0,0)$	$-$	$\pm$	鞍点
$(1,0)$	$+$	$+$	不稳定
$(1,1)$	$+$	$-$	演化稳定点
$(0,1)$	$-$	$\pm$	鞍点
(x^*,y_1^*)	$-$	0	鞍点

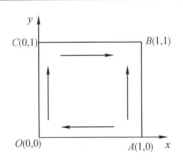

图 6-5　情形 5 时系统的演化相位图

6. 情形 6:$\pi_1>0,\pi_2>0,\pi_3>0,\pi_4>0$

当企业不完全治污时规制主体严格规制的净收益大于 0、企业完全治污时规制主体严格规制的净收益大于 0,规制主体严格规制时企业完全治污的净收益大于 0、规制主体不严格规制时企业完全治污的净收益大于 0 时,点 $O(0,0)$ 为不稳定源点,点 $B(1,1)$ 为演化稳定点,其对应的演化稳定策略为(完全治污,严格规制),即企业选择完全治污,规制主体选择严格规制(见表 6-8)。规制主体与企业的行为演化过程如图 6-6 所示。

表 6-8　均衡点局部稳定性(情形 6)

均衡点	det$\boldsymbol{J}$	tr$\boldsymbol{J}$	稳定性
(0,0)	+	+	不稳定
(1,0)	-	±	鞍点
(1,1)	+	-	演化稳定点
(0,1)	-	±	鞍点
(x^*,y_1^*)	+	0	中心点

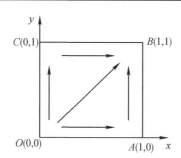

图 6-6　情形 6 时系统的演化相位图

7. 情形 7：$\pi_1 > 0, \pi_2 < 0, \pi_3 > 0, \pi_4 < 0$

当企业不完全治污时规制主体严格规制的净收益大于 0、企业完全治污时规制主体严格规制的净收益小于 0,规制主体严格规制时企业完全治污的净收益大于 0、规制主体不严格规制时企业完全治污的净收益小于 0 时,$O(0,0)$,$A(1,0)$,$B(1,1)$,$C(0,1)$ 都是鞍点,$D(x^*,y_1^*)$ 为中心点(见表 6-9)。规制主体与企业的行为演化过程如图 6-7 所示。情形 7 中,对于企业,令 $\dot{x} = F(x) = x(1-x)[yke(1-\lambda_E)(1-\lambda_L) - (1-\lambda_E)(C_1 - k\lambda_L e)] = 0$,可以得到稳定态为 $x=0$ 和 $x=1$。如果初始状态水平 $y > y_1^*$,则 $F(x) > 0$,$F'(0) > 0$,$F'(1) < 0$,根据微分方程的稳定性定理可知,此时只有 $x=1$ 是稳定态;如果初始状态水平 $y < y_1^*$,则 $F(x) < 0$,$F'(1) > 0$,$F'(0) < 0$,所以 $x=0$ 是稳定态。同理,对于规制主体,令 $\dot{y} = F(y) = y(1-y)[k(q-\lambda_E e)(1-\lambda_L)(1-\delta_2) - C_2(1-\lambda_L) - xke(1-\lambda_L)(1-\lambda_E)(1-\delta_2)] = 0$,如果初始状态水平 $x > x^*$,则 $y=0$ 是稳定态;如果初始状态水平 $x < x^*$,则 $y=1$ 是稳定态。临界值 $y_1^* = \dfrac{(C_1 - k\lambda_L e)}{ke(1-\lambda_L)}$ 和 $x^* = \dfrac{k(q-\lambda_E e)(1-\delta_2) - C_2}{ke(1-\lambda_E)(1-\delta_2)}$ 将演化博弈相位图划分为 Ⅰ、Ⅱ、Ⅲ、Ⅳ 四个区域,当系统初始状态落在区域 Ⅰ 时,博弈收敛于均衡点 $B(1,1)$,企业选择完全治污,规制主体选择严格规制;当系统初始状态落在区域 Ⅱ 时,博弈收敛于均衡点 $A(1,0)$,企业选择完全治污,规制主体选择不严格规制;当系统初始状态落在区域 Ⅲ 时,博弈收敛于均衡点 $C(0,1)$,企业选择不完全治污,

规制主体选择严格规制;当系统初始状态落在区域Ⅳ时,博弈收敛于均衡点 $O(0,0)$,企业选择不完全治污,规制主体选择不严格规制。区域Ⅰ、Ⅲ的面积越大,规制主体越倾向选择严格规制策略;区域Ⅰ、Ⅱ的面积越大,企业越倾向选择完全治污策略。

表6-9 均衡点局部稳定性(情形7)

均衡点	det$J$	tr$J$	稳定性
$(0,0)$	−	±	鞍点
$(1,0)$	−	±	鞍点
$(1,1)$	−	±	鞍点
$(0,1)$	−	±	鞍点
(x^*, y_1^*)	+	0	中心点

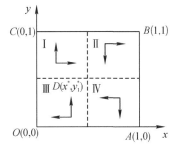

图6-7 情形7时系统的演化相位图

8. 情形8: $\pi_1 > 0, \pi_2 < 0, \pi_3 > 0, \pi_4 > 0$

当企业不完全治污时规制主体严格规制的净收益大于0、企业完全治污时规制主体严格规制的净收益小于0,规制主体严格规制时企业完全治污的净收益大于0、规制主体不严格规制时企业完全治污的净收益大于0时,点 $O(0,0)$ 为不稳定源点,点 $A(1,0)$ 为演化稳定点,其对应的演化稳定策略为(完全治污,不严格规制),即企业选择完全治污,规制主体选择不严格规制(见表6-10)。规制主体与企业的行为演化过程如图6-8所示。

表6-10 均衡点局部稳定性(情形8)

均衡点	det$J$	tr$J$	稳定性
$(0,0)$	+	+	不稳定
$(1,0)$	+	−	演化稳定点
$(1,1)$	−	±	鞍点
$(0,1)$	−	±	鞍点
(x^*, y_1^*)	−	0	鞍点

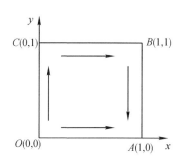

图 6 - 8 情形 8 时系统的演化相位图

9. 情形 9：$\pi_1 < 0, \pi_3 > 0, \pi_4 > 0$

当企业不完全治污时规制主体严格规制的净收益小于 0，规制主体严格规制时企业完全治污的净收益大于 0、规制主体不严格规制时企业完全治污的净收益大于 0 时，点 $C(0,1)$ 为不稳定源点，点 $A(1,0)$ 为演化稳定点，其对应的演化稳定策略为（完全治污，不严格规制），即企业选择完全治污，规制主体选择不严格规制（见表 6 - 11）。规制主体与企业的行为演化过程如图 6 - 9 所示。

表 6 - 11 均衡点局部稳定性（情形 9）

均衡点	det$\boldsymbol{J}$	tr$\boldsymbol{J}$	稳定性
$(0,0)$	—	±	鞍点
$(1,0)$	+	—	演化稳定点
$(1,1)$	—	±	鞍点
$(0,1)$	+	+	不稳定
(x^*, y_1^*)	+	0	中心点

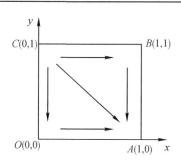

图 6 - 9 情形 9 时系统的演化相位图

6.2.3　结果讨论

表 6 - 12 为不同情形下规制主体与排污企业博弈的演化稳定策略,当 $\pi_1 < 0$ 时(情形 1、2、9),规制主体倾向选择不严格规制。当 $\pi_1 > 0$ 时(情形 3、4、5、6、7、8),对于情形 3、4、5、6,规制主体倾向选择严格规制;对于情形 7,区域 I、III 的面积越大,规制主体越倾向选择严格规制;对于情形 8,不论规制主体是否严格规制,企业完全治污的净收益都大于 $0(\pi_3 > 0, \pi_4 > 0)$,企业总是会选择完全治污,由于企业完全治污时规制主体严格规制的净收益小于 $0(\pi_2 < 0)$,所以规制主体倾向选择不严格规制。假定博弈中出现各种情形的概率是一致的,则通过提高企业不完全治污时规制主体严格规制的净收益 π_1、提高企业完全治污时规制主体严格规制的净收益 π_2、增大企业选择完全治污策略的比例临界值 x^* 以增大区域 I、III 的面积,可以促使规制主体的稳定策略向严格规制的方向演化。

当 $\pi_3 < 0$ 时(情形 1、3、4),企业倾向选择不完全治污。当 $\pi_3 > 0$ 时(情形 2、5、6、7、8、9),对于情形 5、6、8、9,企业倾向选择完全治污;对于情形 7,区域 I、II 的面积越大,企业越倾向选择完全治污;对于情形 2,不论企业是否完全治污,规制主体严格规制的净收益都小于 $0(\pi_1 < 0, \pi_2 < 0)$,规制主体总是会选择不严格规制,由于规制主体不严格规制时企业完全治污的净收益小于 $0(\pi_4 < 0)$,所以企业倾向选择不完全治污。因此,通过提高规制主体严格规制时企业完全治污的净收益 π_3、提高规制主体不严格规制时企业完全治污的净收益 π_4、降低规制主体选择严格规制策略的比例临界值 y_1^* 以增大区域 I、II 的面积,可以促使企业选择完全治污。

表 6 - 12　不同情形下规制主体与排污企业博弈的演化稳定策略

情形	π_1	π_2	π_3	π_4	演化稳定策略
1	−	−	−	−	(不完全治污,不严格规制)
2	−	−	+	−	(不完全治污,不严格规制)
3	+	−	−	−	(不完全治污,严格规制)
4	+	+	−	−	(不完全治污,严格规制)
5	+	+	+	−	(完全治污,严格规制)
6	+	+	+	+	(完全治污,严格规制)
7	+	+	+	−	无演化稳定策略
8	+	−	+	+	(完全治污,不严格规制)
9	−	−	+	+	(完全治污,不严格规制)

6.3　环境规制中规制主体与监督主体的演化博弈模型

6.3.1　模型的假设与符号说明

假设经济发展源于企业的生产活动和价值创造,企业的利润水平可以反映当地经济发展状况;规制主体辖区内的污染物主要来自企业的污染排放,企业的污染排放量可以反映当地环境质量状况。博弈参与方为规制主体和监督主体,规制主体可以选择较高环境规制实施强度的严格规制,也可以选择较低环境规制实施强度的不严格规制,其策略集为{严格规制,不严格规制}。监督主体要求规制主体严格规制,并对环境规制实施状况实施监察,当监察结果为不严格规制时,则对其进行处罚。监督主体可以选择严格监察,也可以选择不严格监察,其策略集为{严格监察,不严格监察}。经济发展水平和环境质量状况均会对代表公共利益的监督主体产生同向影响。

C_2 为规制主体的环境规制成本(严格规制时);G_1 为规制主体严格规制使辖区内企业受到的利润损失;G_2 为规制主体不严格规制使辖区内企业受到的利润损失;C_3 为监督主体的监察成本(严格监察时);F_2 为监督主体对规制主体的处罚金额(严格监察时);k 为环境规制实施强度(严格规制时);α 为经济发展对全国经济发展水平的影响系数,$0 < \alpha < 1$;β 为环境质量对全国环境质量状况的影响系数,$0 < \beta < 1$;δ_1 为考核体系中环境指标的权重系数,$0 < \delta_1 < 1$;δ_2 为企业利润对规制主体效用的影响系数,$0 < \delta_2 < 1$。

考虑 2×2 非对称重复博弈,规制主体可以随机独立地选择策略"严格规制"和"不严格规制",环境规制严格程度为 λ_L,$0 \leqslant \lambda_L < 1$。监督主体可以随机独立地选择策略"严格监察"和"不严格监察",设监察力度为 λ_C,$0 \leqslant \lambda_C < 1$。$\lambda_C$ 越小,表示监察越不严格,在支付水平上表现为监察成本和处罚额的下降;当 $\lambda_C = 0$ 时,表示监督主体不监察。规制主体与监督主体的阶段博弈支付矩阵如表 6-13 所示,其中,H 为规制主体严格规制时辖区内的排污量,Q 为规制主体不严格规制时辖区内的排污量,$Q > H$。

表 6-13　规制主体与监督主体的阶段博弈支付矩阵

规制策略	监督主体严格监察	监督主体不严格监察
规制主体 严格规制	$-C_2 + kH - \delta_1 H - \delta_2 G_1$, $-C_3 - \alpha G_1 - \beta H$	$-C_2 + kH - \delta_1 H - \delta_2 G_1$, $-\lambda_C C_3 - \alpha G_1 - \beta H$
规制主体 不严格规制	$-\lambda_L C_2 - F_2 + k\lambda_L Q - \delta_1 Q - \delta_2 G_2$, $-C_3 + F_2 - \beta Q - \alpha G_2$	$-\lambda_L C_2 - \lambda_C F_2 + k\lambda_L Q - \delta_1 Q - \delta_2 G_2$, $-\lambda_C C_3 + \lambda_C F_2 - \beta Q - \alpha G_2$

6.3.2 模型的建立与均衡点稳定性分析

假设规制主体选择严格规制策略的比例为 y，则选择不严格规制策略的比例为 $1-y$；监督主体选择严格监察策略的比例为 z，则选择不严格监察策略的比例为 $1-z$。

规制主体选择严格规制策略的适应度为

$$f_1 = z(-C_2 + kH - \delta_1 H - \delta_2 G_1) + (1-z)(-C_2 + kH - \delta_1 H - \delta_2 G_1)$$

选择不严格规制策略的适应度为

$$f_2 = z(-\lambda_L C_2 - F_2 + k\lambda_L Q - \delta_1 Q - \delta_2 G_2) +$$
$$(1-z)(-\lambda_L C_2 - \lambda_C F_2 + k\lambda_L Q - \delta_1 Q - \delta_2 G_2)$$

平均适应度为

$$\overline{f}_{12} = yf_1 + (1-y)f_2$$

根据 Malthusian 方程，规制主体选择严格规制策略的数量增长率 $\dot{y}/y$ 为

$$\dot{y}/y = (1-y)[zF_2(1-\lambda_C) + k(H - \lambda_L Q) +$$
$$\delta_1(Q - H) - (1-\lambda_L)C_2 - \delta_2(G_1 - G_2) - \lambda_C F_2] \tag{6-4}$$

监督主体选择严格监察策略的适应度为

$$f_3 = y(-C_3 - \alpha G_1 - \beta H) + (1-y)(-C_3 + F_2 - \beta Q - \alpha G_2)$$

选择不严格监察策略的适应度为

$$f_4 = y(-\lambda_C C_3 - \alpha G_1 - \beta H) + (1-y)(-\lambda_C C_3 + \lambda_C F_2 - \beta Q - \alpha G_2)$$

平均适应度为

$$\overline{f}_{34} = zf_3 + (1-z)f_4$$

则监督主体选择严格监察策略的数量增长率 $\dot{z}/z$ 为

$$\dot{z}/z = (1-z)(F_2 - C_3 - yF_2)(1-\lambda_C) \tag{6-5}$$

将式（6-4）和式（6-5）联立，规制主体与监督主体的复制动态系统为

$$\begin{cases} \dot{y} = y(1-y)[zF_2(1-\lambda_C) + k(H - \lambda_L Q) + \delta_1(Q - H) - \\ (1-\lambda_L)C_2 - \delta_2(G_1 - G_2) - \lambda_C F_2] \\ \dot{z} = z(1-z)(F_2 - C_3 - yF_2)(1-\lambda_C) \end{cases} \tag{6-6}$$

利用雅可比矩阵的局部稳定分析法对上述动态系统进行分析，该系统的雅可比矩阵为

$$J = \begin{bmatrix} (1-2y)[zF_2(1-\lambda_C) + & \\ k(H-\lambda_L Q) + \delta_1(Q-H) - & y(1-y)F_2(1-\lambda_C) \\ (1-\lambda_L)C_2 - \delta_2(G_1 - G_2) + \lambda_C F_2] & \\ z(1-z)(-F_2)(1-\lambda_C) & (1-2z)(F_2 - C_3 - yF_2)(1-\lambda_C) \end{bmatrix}$$

令 $E = Q - H$，E 为相对于不严格规制，规制主体严格规制带来的辖区内污染物削减量，则矩阵 J 的行列式为

$$\det J = (1-2y)[zF_2(1-\lambda_C)+k(H-\lambda_L Q)+\delta_1 E-(1-\lambda_L)C_2-\delta_2(G_1-G_2)+\lambda_C F_2]$$
$$(1-2z)(F_2-C_3-yF_2)(1-\lambda_C)-y(1-y)F_2(1-\lambda_C)z(1-z)(-F_2)(1-\lambda_C)$$

矩阵 J 的迹为

$$\text{tr}J = (1-2y)[zF_2(1-\lambda_C)+k(H-\lambda_L Q)+$$
$$\delta_1 E-(1-\lambda_L)C_2-\delta_2(G_1-G_2)+\lambda_C F_2]+$$
$$(1-2z)(F_2-C_3-yF_2)(1-\lambda_C)$$

在系统（6-6）中，令 $\dot{y}=0,\dot{z}=0$，可以得到均衡点为：$O'(0,0)$，$A'(1,0)$，$B'(1,1)$，$C'(0,1)$，$D'(y_2^*,z^*)$，其中 $y_2^*=\dfrac{F_2-C_3}{F_2}$，$z^*=\dfrac{(1-\lambda_L)C_2+\delta_2(G_1-G_2)-k(H-\lambda_L Q)-\delta_1 E-\lambda_C F_2}{F_2(1-\lambda_C)}$。将系统均衡点数值代入，整理后得到矩阵行列式和迹的表达式如表 6-14 所示。

表 6-14　系统(6-6)均衡点对应的矩阵行列式和迹表达式

均衡点(y,z)		矩阵行列式和迹表达式
$O'(0,0)$	$\det J$	$[k(H-\lambda_L Q)+\delta_1 E-(1-\lambda_L)C_2-\delta_2(G_1-G_2)+\lambda_C F_2](F_2-C_3)(1-\lambda_C)$
	$\text{tr}J$	$[k(H-\lambda_L Q)+\delta_1 E-(1-\lambda_L)C_2-\delta_2(G_1-G_2)+\lambda_C F_2]+(F_2-C_3)(1-\lambda_C)$
$A'(1,0)$	$\det J$	$[k(H-\lambda_L Q)+\delta_1 E-(1-\lambda_L)C_2-\delta_2(G_1-G_2)+\lambda_C F_2]C_3(1-\lambda_C)$
	$\text{tr}J$	$-[k(H-\lambda_L Q)+\delta_1 E-(1-\lambda_L)C_2-\delta_2(G_1-G_2)+\lambda_C F_2]-C_3(1-\lambda_C)$
$B'(1,1)$	$\det J$	$-[F_2+k(H-\lambda_L Q)+\delta_1 E-(1-\lambda_L)C_2-\delta_2(G_1-G_2)]C_3(1-\lambda_C)$
	$\text{tr}J$	$-[F_2+k(H-\lambda_L Q)+\delta_1 E-(1-\lambda_L)C_2-\delta_2(G_1-G_2)]+C_3(1-\lambda_C)$
$C'(0,1)$	$\det J$	$-[F_2+k(H-\lambda_L Q)+\delta_1 E-(1-\lambda_L)C_2-\delta_2(G_1-G_2)](F_2-C_3)(1-\lambda_C)$
	$\text{tr}J$	$[F_2+k(H-\lambda_L Q)+\delta_1 E-(1-\lambda_L)C_2-\delta_2(G_1-G_2)]-(F_2-C_3)(1-\lambda_C)$
$D'(y_2^*,z^*)$	$\det J$	$-[k(H-\lambda_L Q)+\delta_1 E-(1-\lambda_L)C_2-\delta_2(G_1-G_2)+\lambda_C F_2]\cdot$ $\dfrac{[F_1+k(H-\lambda_L Q)+\delta_1 E-(1-\lambda_L)C_2-\delta_2(G_1-G_2)](F_2-C_3)C_3}{F_2^2}$
	$\text{tr}J$	0

表达式中，令 $\pi_5=k(H-\lambda_L Q)+\delta_1 E-(1-\lambda_L)C_2-\delta_2(G_1-G_2)+\lambda_C F_2$，$\pi_5$ 为监督主体不严格监察时，相对于不严格规制，规制主体选择严格规制的净收益，简称为监督主体不严格监察时规制主体严格规制的净收益；令 $\pi_6=F_2+k(H-\lambda_L Q)+\delta_1 E-(1-\lambda_L)C_2-\delta_2(G_1-G_2)$，$\pi_6$ 为监督主体严格监察时，相对于不严格规制，规制主体选择严格规制的净收益，简称为监督主体严格监察时规制主体严格规制的净收益；令 $\pi_7=(F_2-C_3)(1-\lambda_C)$，$\pi_7$ 为相对于不严格监察，监督主体严格监察的

净收益,简称为监督主体严格监察的净收益。由表达式容易得出,$\pi_5 < \pi_6$。依据演化博弈理论,满足 $\det J > 0$、$\text{tr} J < 0$ 的均衡点为系统的演化稳定点,以下对不同情形下的演化博弈稳定策略进行讨论。

1. 情形 1:$\pi_5 > 0,\pi_7 > 0$

当监督主体不严格监察时规制主体严格规制的净收益大于 0 时,监督主体严格监察的净收益大于 0 时,点 $O'(0,0)$ 为不稳定源点,点 $A'(1,0)$ 为演化稳定点,其对应的演化稳定策略为(严格规制,不严格监察),即规制主体选择严格规制,监督主体选择不严格监察(见表 6 - 15)。规制主体与监督主体的行为演化过程如图 6 - 10 所示。

表 6 - 15　均衡点局部稳定性(情形 1)

均衡点	$\det J$	$\text{tr} J$	稳定性
(0,0)	+	+	不稳定
(1,0)	+	−	演化稳定点
(1,1)	−	±	鞍点
(0,1)	−	±	鞍点
(y_2^*, z^*)		0	鞍点

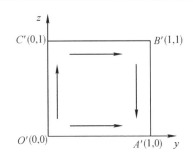

图 6 - 10　情形 1 时系统的演化相位图

2. 情形 2:$\pi_5 > 0,\pi_7 < 0$

当监督主体不严格监察时规制主体严格规制的净收益大于 0 时,监督主体严格监察的净收益小于 0 时,点 $C'(0,1)$ 为不稳定源点,点 $A'(1,0)$ 为演化稳定点,其对应的演化稳定策略为(严格规制,不严格监察),即规制主体选择严格规制,监督主体选择不严格监察(见表 6 - 16)。规制主体与监督主体的行为演化过程如图 6 -11所示。

表 6 - 16　均衡点局部稳定性(情形 2)

均衡点	det$\boldsymbol{J}$	tr$\boldsymbol{J}$	稳定性
(0,0)	−	±	鞍点
(1,0)	+	−	演化稳定点
(1,1)	−	±	鞍点
(0,1)	+	+	不稳定
(y_2^*, z^*)	+	0	中心点

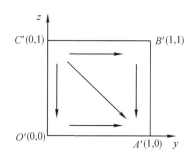

图 6 - 11　情形 2 时系统的演化相位图

3. 情形 3:$\pi_5 < 0, \pi_6 < 0, \pi_7 < 0$

当监督主体不严格监察时规制主体严格规制的净收益小于 0、监督主体严格监察时规制主体严格规制的净收益小于 0,监督主体严格监察的净收益小于 0 时,点 $B'(1,1)$ 为不稳定源点,点 $O'(0,0)$ 为演化稳定点,其对应的演化稳定策略为(不严格规制,不严格监察),即规制主体选择不严格规制,监督主体选择不严格监察(见表 6 - 17)。规制主体与监督主体的行为演化过程如图 6 - 12 所示。

表 6 - 17　均衡点局部稳定性(情形 3)

均衡点	det$\boldsymbol{J}$	tr$\boldsymbol{J}$	稳定性
(0,0)	+	−	演化稳定点
(1,0)	−	±	鞍点
(1,1)	+	+	不稳定
(0,1)	−	±	鞍点
(y_2^*, z^*)	+	0	中心点

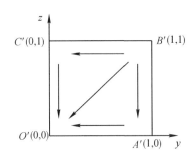

图 6-12　情形 3 时系统的演化相位图

4. 情形 4: $\pi_5 < 0, \pi_6 < 0, \pi_7 > 0$

当监督主体不严格监察时规制主体严格规制的净收益小于 0、监督主体严格监察时规制主体严格规制的净收益小于 0,监督主体严格监察的净收益大于 0 时,点 $B'(1,1)$ 为不稳定源点,点 $C'(0,1)$ 为演化稳定点,其对应的演化稳定策略为(不严格规制,严格监察),即规制主体选择不严格规制,监督主体选择严格监察(见表 6-18)。规制主体与监督主体的行为演化过程如图 6-13 所示。

表 6-18　均衡点局部稳定性(情形 4)

均衡点	det$\boldsymbol{J}$	tr$\boldsymbol{J}$	稳定性
$(0,0)$	—	±	鞍点
$(1,0)$	—	±	鞍点
$(1,1)$	+	+	不稳定
$(0,1)$	+	—	演化稳定点
(y_2^*, z^*)	—	0	鞍点

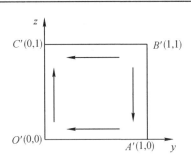

图 6-13　情形 4 时系统的演化相位图

5. 情形 5: $\pi_5 < 0, \pi_6 > 0, \pi_7 < 0$

当监督主体不严格监察时规制主体严格规制的净收益小于 0、监督主体严格监察时规制主体严格规制的净收益大于 0,监督主体严格监察的净收益小于 0 时,点 $C'(0,1)$ 为不稳定源点,点 $O'(0,0)$ 为演化稳定点,其对应的演化稳定策略为(不严格规制,不严格监察),即规制主体选择不严格规制,监督主体选择不严格监察(见表 6 - 19)。规制主体与监督主体的行为演化过程如图 6 - 14 所示。

表 6 - 19　均衡点局部稳定性(情形 5)

均衡点	det$J$	tr$J$	稳定性
$(0,0)$	$+$	$-$	演化稳定点
$(1,0)$	$-$	$\pm$	鞍点
$(1,1)$	$-$	$\pm$	鞍点
$(0,1)$	$+$	$+$	不稳定
(y_2^*,z^*)	$-$	0	鞍点

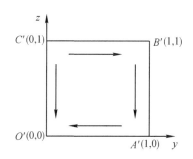

图 6 - 14　情形 5 时系统的演化相位图

6. 情形 6:$\pi_5 < 0,\pi_6 > 0,\pi_7 > 0$

当监督主体不严格监察时规制主体严格规制的净收益小于 0、监督主体严格监察时规制主体严格规制的净收益大于 0,监督主体严格监察的净收益大于 0 时,$O'(0,0),A'(1,0),B'(1,1),C'(0,1)$ 都是鞍点,$D'(y_2^*,z^*)$ 为中心点(见表 6 - 20)。规制主体与监督主体的行为演化过程如图 6 - 15 所示。

表 6 - 20　均衡点局部稳定性(情形 6)

均衡点	det$J$	tr$J$	稳定性
$(0,0)$	$-$	$\pm$	鞍点
$(1,0)$	$-$	$\pm$	鞍点
$(1,1)$	$-$	$\pm$	鞍点
$(0,1)$	$-$	$\pm$	鞍点
(y_2^*,z^*)	$+$	0	中心点

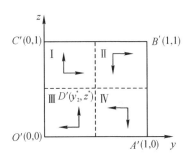

图 6-15　情形 6 时系统的演化相位图

情形 6 中,对于规制主体,令 $\dot{y}=F(x)=y(1-y)[zF_2(1-\lambda_C)+k(H-\lambda_LQ)+\delta_1(Q-H)-(1-\lambda_L)C_2-\delta_2(G_1-G_2)-\lambda_CF_2=0$,可以得到稳定态为 $y=0$ 和 $y=1$。如果初始状态水平 $z>z^*$,则 $F(x)>0,F'(0)>0,F'(1)<0$,根据微分方程的稳定性定理可知,此时只有 $y=1$ 是稳定态;如果初始状态水平 $z<z^*$,则 $F(x)<0$,$F'(1)>0,F'(0)<0$,所以 $y=0$ 是稳定态。同理,对于监督主体,令 $\dot{z}=F(z)=z(1-z)(F_2-C_3-yF_2)(1-\lambda_C)=0$,如果初始状态水平 $y>y_2^*$,则 $z=0$ 是稳定态;如果初始状态水平 $y<y_2^*$,则 $z=1$ 是稳定态。临界值 $z^*=\dfrac{(1-\lambda_L)C_2+\delta_2(G_1-G_2)-k(H-\lambda_LQ)-\delta_1E-\lambda_CF_2}{F_2(1-\lambda_C)}$ 和 $y_2^*=\dfrac{F_2-C_3}{F_2}$ 将演化博弈相位图划分为 Ⅰ、Ⅱ、Ⅲ、Ⅳ 四个区域,当系统初始状态落在区域 Ⅰ 时,博弈收敛于均衡点 $B'(1,1)$,规制主体选择严格规制,监督主体选择严格监察;当系统初始状态落在区域 Ⅱ 时,博弈收敛于均衡点 $A'(1,0)$,规制主体选择严格规制,监督主体选择不严格监察;当系统初始状态落在区域 Ⅲ 时,博弈收敛于均衡点 $C'(0,1)$,规制主体选择不严格规制,监督主体选择严格监察;当系统初始状态落在区域 Ⅳ 时,博弈收敛于均衡点 $O'(0,0)$,规制主体选择不严格规制,监督主体选择不严格监察。区域 Ⅰ、Ⅱ 的面积越大,规制主体越倾向选择严格规制策略;区域 Ⅰ、Ⅲ 的面积越大,监督主体越倾向选择严格监察策略。

6.3.3　结果讨论

表 6-21 为不同情形下规制主体与监督主体博弈的演化稳定策略,当 $\pi_5>0$ 时(情形 1、2),规制主体倾向选择严格规制。当 $\pi_5<0$ 时(情形 3、4、5、6),则只有保证监督主体严格监察时规制主体严格规制的净收益大于 $0(\pi_6>0)$、监督主体严格监察的净收益大于 $0(\pi_7>0)$,同时初始条件下监督主体选择严格监察策略的比例大于临界值 z^*,规制主体才会选择严格规制。情形 6 中,区域 Ⅰ、Ⅱ 的面积越大,规制主体越倾向选择严格规制。假定博弈中出现各种情形的概率是一致的,则通过提高监督主体不严格监察时规制主体严格规制的净收益 π_5、降低监督主体选

择严格监察策略的比例临界值 z^* 以增大区域 I、II 的面积,可以促使规制主体的稳定策略向严格规制的方向演化。

在监督主体方面,只有监督主体严格监察的净收益大于 $0(\pi_7 > 0)$,且监督主体不严格监察时规制主体严格规制的净收益小于 0 时$(\pi_5 < 0)$,监督主体才会倾向选择对规制主体实施严格监察。其中,当监督主体严格监察时规制主体严格规制的净收益小于 0 时$(\pi_6 < 0)$,监督主体倾向选择严格监察;当监督主体严格监察时规制主体严格规制的净收益大于 0 时$(\pi_6 > 0)$,区域 I、III 的面积越大,监督主体越倾向于选择严格监察。

表 6 – 21 不同情形下规制主体与监督主体博弈的演化稳定策略

情形	π_5	π_6	π_7	演化稳定策略
1	+	+	+	(严格规制,不严格监察)
2	+	+	−	(严格规制,不严格监察)
3	−	−	−	(不严格规制,不严格监察)
4	−	−	+	(不严格规制,严格监察)
5	−	+	+	(不严格规制,不严格监察)
6	−	+	+	无演化稳定策略

6.4　环境规制中规制主体与规制主体的演化博弈模型

6.4.1　模型的假设与符号说明

假设规制主体之间的博弈是相邻参与方之间随机配对的重复博弈,策略选择包括严格规制和不严格规制,策略集为{严格规制,不严格规制}。规制主体间存在同向外部效应,即一方环境质量的改善(恶化)会提高(降低)另一方的环境质量水平。在规制主体竞争的条件下,当博弈参与方采取不同策略时,严格规制的规制主体既要承担环境规制成本,又要承担经济下滑带来的成本;不严格规制的规制主体则无须承担经济排位下降带来的成本。

C_2^A 为规制主体 A 的环境规制成本(严格规制时);C_2^B 为规制主体 B 的环境规制成本(严格规制时);k 为环境规制实施强度(严格规制时);G_A^1 为规制主体 A 严格规制使辖区内企业受到的利润损失;G_A^2 为规制主体 A 不严格规制使辖区内企业受到的利润损失;G_B^1 为规制主体 B 严格规制使辖区内企业受到的利润损失;G_B^2 为规制主体 B 不严格规制使辖区内企业受到的利润损失;γ_A 为规制主体 A 对规制主体 B 的外部效应影响系数,$0 < \gamma_A < 1$;γ_B 为规制主体 B 对规制主体 A 的外部效应影

响系数，$0<\gamma_B<1$；δ_1 为考核体系中环境指标的权重系数，$0<\delta_1<1$；δ_2 为企业利润对规制主体效用的影响系数，$0<\delta_2<1$；R_A 为当规制主体 B 不严格规制、而规制主体 A 严格规制所承担的排位下降成本；R_B 为当规制主体 A 不严格规制、而规制主体 B 严格规制所承担的排位下降成本；R_A 和 R_B 刻画了规制主体竞争的激烈程度。

考虑 2×2 非对称重复博弈，规制主体 A 和规制主体 B 都可以随机独立地选择策略"严格规制"和"不严格规制"，环境规制的严格程度仍为 λ_L，$0\leqslant\lambda_L<1$。规制主体 A 和规制主体 B 的阶段博弈支付矩阵如表 $6-22$ 所示，其中，H_A 为规制主体 A 严格规制时辖区内的排污量，Q_A 为规制主体 A 不严格规制时辖区内的排污量，$Q_A>H_A$；H_B 为规制主体 B 严格规制时辖区内的排污量，Q_B 为规制主体 B 不严格规制时辖区内的排污量，$Q_B>H_B$。

表 6-22　规制主体与规制主体的阶段博弈支付矩阵

规制策略	规制主体 B 严格规制	规制主体 B 不严格规制
规制主体 A 严格规制	$-C_2^A+kH_A-\delta_1[(1-\gamma_A)H_A+\gamma_B H_B]$ $-\delta_2 G_A^1$, $-C_2^B+kH_B-\delta_1[(1-\gamma_B)H_B+\gamma_A H_A]$ $-\delta_2 G_B^1$	$-C_2^A+kH_A-\delta_1[(1-\gamma_A)H_A+\gamma_B Q_B]$ $-\delta_2 G_A^1-R_A$, $-\lambda_L C_2^B+k\lambda_L Q_B-\delta_1[(1-\gamma_B)Q_B+\gamma_A H_A]$ $-\delta_2 G_B^2$
规制主体 A 不严格规制	$-\lambda_L C_2^A+k\lambda_L Q_A-\delta_1[(1-\gamma_A)Q_A+\gamma_B H_B]$ $-\delta_2 G_A^2$, $-C_2^B+kH_B-\delta_1[(1-\gamma_B)H_B+\gamma_A Q_A]$ $-\delta_2 G_B^1-R_B$	$-\lambda_L C_2^A+k\lambda_L Q_A-\delta_1[(1-\gamma_A)Q_A+\gamma_B Q_B]$ $-\delta_2 G_A^2$, $-\lambda_L C_2^B+k\lambda_L Q_B-\delta_1[(1-\gamma_B)Q_B+\gamma_A Q_A]$ $-\delta_2 G_B^2$

6.4.2　模型的建立与均衡点稳定性分析

假设规制主体 A 选择严格规制策略的比例为 y_A，则选择不严格规制策略的比例为 $1-y_A$；规制主体 B 选择严格规制策略的比例为 y_B，则选择不严格规制策略的比例为 $1-y_B$。

规制主体 A 选择严格规制策略的适应度为

$$f_1 = y_B\{-C_2^A+kH_A-\delta_1[(1-\gamma_A)H_A+\gamma_B H_B]-\delta_2 G_A^1\}+$$
$$(1-y_B)\{-C_2^A+kH_A-\delta_1[(1-\gamma_A)H_A+\gamma_B Q_B]-\delta_2 G_A^1-R_A\}$$

选择不严格规制策略的适应度为

$$f_2 = y_B\{-\lambda_L C_2^A+k\lambda_L Q_A-\delta_1[(1-\gamma_A)Q_A+\gamma_B H_B]-\delta_2 G_A^2\}+$$
$$(1-y_B)\{-\lambda_L C_2^A+k\lambda_L Q_A-\delta_1[(1-\gamma_A)Q_A+\gamma_B Q_B]-\delta_2 G_A^2\}$$

平均适应度为

$$\overline{f}_{12} = y_A f_1+(1-y_A)f_2$$

根据 Malthusian 方程,规制主体 A 选择严格规制策略的数量增长率 $\dot{y}_A/y_A$ 为

$$\dot{y}_A/y_A = (1-y_A)[-(1-\lambda_L)C_2^A + k(H_A - \lambda_L Q_A) +$$
$$\delta_1(1-\gamma_A)(Q_A - H_A) - \delta_2(G_A^1 - G_A^2) - R_A + R_A y_B] \qquad (6-7)$$

规制主体 B 选择严格规制策略的适应度为

$$f_3 = y_A\{-C_2^B + kH_B - \delta_1[(1-\gamma_B)H_B + \gamma_A H_A] - \delta_2 G_B^1\} +$$
$$(1-y_A)\{-C_2^B + kH_B - \delta_1[(1-\gamma_B)H_B + \gamma_A Q_A] - \delta_2 G_B^1 - R_B\}$$

选择不严格规制策略的适应度为

$$f_4 = y_A\{-\lambda_L C_2^B + k\lambda_L Q_B - \delta_1[(1-\gamma_B)Q_B + \gamma_A H_A] - \delta_2 G_B^2\} +$$
$$(1-y_A)\{-\lambda_L C_2^B + k\lambda_L Q_B - \delta_1[(1-\gamma_B)Q_B + \gamma_A Q_A] - \delta_2 G_B^2\}$$

平均适应度为

$$\overline{f_{34}} = y_B f_3 + (1-y_B)f_4$$

则规制主体 B 选择严格监察策略的数量增长率 $\dot{y}_B/y_B$ 为

$$\dot{y}_B/y_B = (1-y_B)[-(1-\lambda_L)C_2^B + k(H_B - \lambda_L Q_B) +$$
$$\delta_1(1-\gamma_B)(Q_B - H_B) - \delta_2(G_B^1 - G_B^2) - R_B + R_B y_A] \qquad (6-8)$$

将式(6-7)和式(6-8)联立,规制主体 A 与规制主体 B 的复制动态系统为

$$\begin{cases} \dot{y}_A = y_A(1-y_A)[-(1-\lambda_L)C_2^A + k(H_A - \lambda_L Q_A) + \\ \qquad \delta_1(1-\gamma_A)(Q_A - H_A) - \delta_2(G_A^1 - G_A^2) - R_A + R_A y_B] \\ \dot{y}_B = y_B(1-y_B)[-(1-\lambda_L)C_2^B + k(H_B - \lambda_L Q_B) + \\ \qquad \delta_1(1-\gamma_B)(Q_B - H_B) - \delta_2(G_B^1 - G_B^2) - R_B + R_B y_A] \end{cases} \qquad (6-9)$$

利用雅可比矩阵的局部稳定分析法对上述动态系统进行分析,该系统的雅可比矩阵为

$$J = \begin{bmatrix} \begin{aligned} &(1-2y_A)[-(1-\lambda_L)C_2^A + \\ &k(H_A - \lambda_L Q_A) + \\ &\delta_1(1-\gamma_A)(Q_A - H_A) - \\ &\delta_2(G_A^1 - G_A^2) - R_A + R_A y_B] \end{aligned} & y_A(1-y_A)R_A \\[2em] y_B(1-y_B)R_B & \begin{aligned} &(1-2y_B)[-(1-\lambda_L)C_2^B + \\ &k(H_B - \lambda_L Q_B) + \\ &\delta_1(1-\gamma_B)(Q_B - H_B) - \\ &\delta_2(G_B^1 - G_B^2) - R_B + R_B y_A] \end{aligned} \end{bmatrix}$$

令 $E_A = Q_A - H_A$ 为相对于不严格规制,规制主体 A 严格规制带来的辖区内污染物削减量;$E_B = Q_B - H_B$ 为相对于不严格规制,规制主体 B 严格规制带来的辖区内污染物削减量,则矩阵 J 的行列式为

$$\det J = (1-2y_A)[-(1-\lambda_L)C_2^A + k(H_A - \lambda_L Q_A) + \delta_1(1-\gamma_A)E_A -$$
$$\delta_2(G_A^1 - G_A^2) - R_A + R_A y_B]\cdot$$
$$(1-2y_B)[-(1-\lambda_L)C_2^B + k(H_B - \lambda_L Q_B) + \delta_1(1-\gamma_B)E_B -$$
$$\delta_2(G_B^1 - G_B^2) - R_B + R_B y_A] -$$
$$y_A(1-y_A)R_A y_B(1-y_B)R_B$$

矩阵 J 的迹为

$$\text{tr}J = (1-2y_A)[-(1-\lambda_L)C_2^A + k(H_A - \lambda_L Q_A) + \delta_1(1-\gamma_A)E_A -$$
$$\delta_2(G_A^1 - G_A^2) - R_A + R_A y_B] +$$
$$(1-2y_B)[-(1-\lambda_L)C_2^B + k(H_B - \lambda_L Q_B) + \delta_1(1-\gamma_B)E_B -$$
$$\delta_2(G_B^1 - G_B^2) - R_B + R_B y_A]$$

在系统(6-9)中,令 $\dot y_A = 0, \dot y_B = 0$,可以得到均衡点为: $O''(0,0)$, $A''(1,0)$, $B''(1,1)$, $C''(0,1)$, $D''(y_A^*, y_B^*)$, 其中 $y_A^* = $ $\dfrac{(1-\lambda_L)C_2^B + \delta_2(G_B^1 - G_B^2) - k(H_B - \lambda_L Q_B) - \delta_1(1-\gamma_B)E_B + R_B}{R_B}$, $y_B^* = $ $\dfrac{(1-\lambda_L)C_2^A + \delta_2(G_A^1 - G_A^2) - k(H_A - \lambda_L Q_A) - \delta_1(1-\gamma_A)E_A + R_A}{R_A}$。将系统均衡点数值代入,整理后得到矩阵行列式和迹的表达式如表6-23所示。

表6-23 系统(6-9)均衡点对应的矩阵行列式和迹表达式

均衡点(y_A,y_B)		矩阵行列式和迹表达式
$O''(0,0)$	$\det J$	$[-(1-\lambda_L)C_2^A + k(H_A - \lambda_L Q_A) + \delta_1(1-\gamma_A)E_A - \delta_2(G_A^1 - G_A^2) - R_A]\cdot$ $[-(1-\lambda_L)C_2^B + k(H_B - \lambda_L Q_B) + \delta_1(1-\gamma_B)E_B - \delta_2(G_B^1 - G_B^2) - R_B]$
	$\text{tr}J$	$[-(1-\lambda_L)C_2^A + k(H_A - \lambda_L Q_A) + \delta_1(1-\gamma_A)E_A - \delta_2(G_A^1 - G_A^2) - R_A] +$ $[-(1-\lambda_L)C_2^B + k(H_B - \lambda_L Q_B) + \delta_1(1-\gamma_B)E_B - \delta_2(G_B^1 - G_B^2) - R_B]$
$A''(1,0)$	$\det J$	$-[-(1-\lambda_L)C_2^A + k(H_A - \lambda_L Q_A) + \delta_1(1-\gamma_A)E_A - \delta_2(G_A^1 - G_A^2) - R_A]\cdot$ $[-(1-\lambda_L)C_2^B + k(H_B - \lambda_L Q_B) + \delta_1(1-\gamma_B)E_B - \delta_2(G_B^1 - G_B^2)]$
	$\text{tr}J$	$-[-(1-\lambda_L)C_2^A + k(H_A - \lambda_L Q_A) + \delta_1(1-\gamma_A)E_A - \delta_2(G_A^1 - G_A^2) - R_A] +$ $[-(1-\lambda_L)C_2^B + k(H_B - \lambda_L Q_B) + \delta_1(1-\gamma_B)E_B - \delta_2(G_B^1 - G_B^2)]$
$B''(1,1)$	$\det J$	$[-(1-\lambda_L)C_2^A + k(H_A - \lambda_L Q_A) + \delta_1(1-\gamma_A)E_A - \delta_2(G_A^1 - G_A^2)]\cdot$ $[-(1-\lambda_L)C_2^B + k(H_B - \lambda_L Q_B) + \delta_1(1-\gamma_B)E_B - \delta_2(G_B^1 - G_B^2)]$
	$\text{tr}J$	$-[-(1-\lambda_L)C_2^A + k(H_A - \lambda_L Q_A) + \delta_1(1-\gamma_A)E_A - \delta_2(G_A^1 - G_A^2)] -$ $[-(1-\lambda_L)C_2^B + k(H_B - \lambda_L Q_B) + \delta_1(1-\gamma_B)E_B - \delta_2(G_B^1 - G_B^2)]$

均衡点(y_A, y_B)		矩阵行列式和迹表达式
$C''(0,1)$	$\det J$	$[-(1-\lambda_L)C_2^A + k(H_A - \lambda_L Q_A) + \delta_1(1-\gamma_A)E_A - \delta_2(G_A^1 - G_A^2)] \cdot$ $(-)[-(1-\lambda_L)C_2^B + k(H_B - \lambda_L Q_B) + \delta_1(1-\gamma_B)E_B - \delta_2(G_B^1 - G_B^2) - R_B]$
	$\text{tr}J$	$[-(1-\lambda_L)C_2^A + k(H_A - \lambda_L Q_A) + \delta_1(1-\gamma_A)E_A - \delta_2(G_A^1 - G_A^2)] -$ $[-(1-\lambda_L)C_2^B + k(H_B - \lambda_L Q_B) + \delta_1(1-\gamma_B)E_B - \delta_2(G_B^1 - G_B^2) - R_B]$
$D''(y_A^*, y_B^*)$	$\det J$	$\dfrac{\begin{aligned}&-[-(1-\lambda_L)C_2^A + k(H_A - \lambda_L Q_A) + \delta_1(1-\gamma_A)E_A - \delta_2(G_A^1 - G_A^2) - R_A] \cdot\\&[-(1-\lambda_L)C_2^B + k(H_B - \lambda_L Q_B) + \delta_1(1-\gamma_B)E_B - \delta_2(G_B^1 - G_B^2) - R_B] \cdot\\&[-(1-\lambda_L)C_2^A + k(H_A - \lambda_L Q_A) + \delta_1(1-\gamma_A)E_A - \delta_2(G_A^1 - G_A^2)] \cdot\\&[-(1-\lambda_L)C_2^B + k(H_B - \lambda_L Q_B) + \delta_1(1-\gamma_B)E_B - \delta_2(G_B^1 - G_B^2)]\end{aligned}}{R_A R_B}$
	$\text{tr}J$	0

表达式中，令 $\pi_A = -(1-\lambda_L)C_2^A + k(H_A - \lambda_L Q_A) + \delta_1(1-\gamma_A)E_A - \delta_2(G_A^1 - G_A^2)$，$\pi_A$ 为相对于不严格规制，规制主体 A 选择严格规制的净收益，简称为规制主体 A 严格规制的净收益；令 $\pi_B = [-(1-\lambda_L)C_2^B + k(H_B - \lambda_L Q_B) + \delta_1(1-\gamma_B)E_B - \delta_2(G_B^1 - G_B^2)]$，$\pi_B$ 为相对于不严格规制，规制主体 B 选择严格规制的净收益，简称为规制主体 B 严格规制的净收益；$\pi_A - R_A$ 为竞争条件下，规制主体 A 严格规制的净收益；$\pi_B - R_B$ 为竞争条件下，规制主体 B 严格规制的净收益。依据演化博弈理论，满足 $\det J > 0$、$\text{tr}J < 0$ 的均衡点为系统的演化稳定点，以下对不同情形下的演化博弈稳定策略进行讨论。

1. 情形 1：$\pi_A < 0$，$\pi_B < 0$

当规制主体 A 严格规制的净收益小于 0，规制主体 B 严格规制的净收益小于 0 时，点 $B''(1,1)$ 为不稳定源点，点 $O'(0,0)$ 为演化稳定点，其对应的演化稳定策略为（不严格规制，不严格规制），即规制主体 A 选择不严格规制，规制主体 B 选择不严格规制（见表 6-24）。规制主体 A 与规制主体 B 的行为演化过程如图 6-16 所示。

表 6-24　均衡点局部稳定性（情形 1）

均衡点	$\det J$	$\text{tr}J$	稳定性
$(0,0)$	$+$	$-$	演化稳定点
$(1,0)$	$-$	$\pm$	鞍点
$(1,1)$	$+$	$+$	不稳定
$(0,1)$	$-$	$\pm$	鞍点
(y_A^*, y_B^*)		0	鞍点

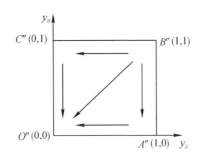

图 6-16 情形 1 时系统的演化相位图

2. 情形 2: $\pi_A > 0, \pi_B > 0, \pi_A - R_A > 0, \pi_B - R_B > 0$

当规制主体 A 严格规制的净收益大于 0,规制主体 B 严格规制的净收益大于 0,竞争条件下规制主体 A 严格规制的净收益大于 0,竞争条件下规制主体 B 严格规制的净收益大于 0 时,点 $O'(0,0)$ 为不稳定源点,点 $B''(1,1)$ 为演化稳定点,其对应的演化稳定策略为(严格规制,严格规制),即规制主体 A 选择严格规制,规制主体 B 选择严格规制(见表 6-25)。规制主体 A 与规制主体 B 的行为演化过程如图 6-17 所示。

表 6-25 均衡点局部稳定性(情形 2)

均衡点	det$J$	tr$J$	稳定性
(0,0)	+	+	不稳定
(1,0)	−	±	鞍点
(1,1)	+	−	演化稳定点
(0,1)	−	±	鞍点
(y_A^*, y_B^*)	−	0	鞍点

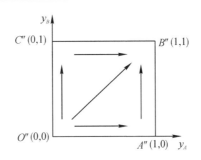

图 6-17 情形 2 时系统的演化相位图

3. 情形 3：$\pi_A > 0, \pi_B > 0, \pi_A - R_A < 0, \pi_B - R_B > 0$

当规制主体 A 严格规制的净收益大于 0，规制主体 B 严格规制的净收益大于 0，竞争条件下规制主体 A 严格规制的净收益小于 0，竞争条件下规制主体 B 严格规制的净收益大于 0 时，点 $A''(1,0)$ 为不稳定源点，点 $B''(1,1)$ 为演化稳定点，其对应的演化稳定策略为（严格规制，严格规制），即规制主体 A 选择严格规制，规制主体 B 选择严格规制（见表 6 - 26）。规制主体 A 与规制主体 B 的行为演化过程如图 6 - 18 所示。

表 6 - 26　均衡点局部稳定性（情形 3）

均衡点	det$\boldsymbol{J}$	tr$\boldsymbol{J}$	稳定性
$(0,0)$	$-$	$\pm$	鞍点
$(1,0)$	$+$	$+$	不稳定
$(1,1)$	$+$	$-$	演化稳定点
$(0,1)$	$-$	$\pm$	鞍点
(y_A^*, y_B^*)	$+$	0	中心点

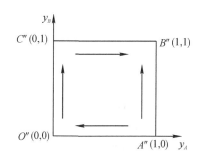

图 6 - 18　情形 3 时系统的演化相位图

4. 情形 4：$\pi_A > 0, \pi_B > 0, \pi_A - R_A > 0, \pi_B - R_B < 0$

当规制主体 A 严格规制的净收益大于 0，规制主体 B 严格规制的净收益大于 0，竞争条件下规制主体 A 严格规制的净收益大于 0，竞争条件下规制主体 B 严格规制的净收益小于 0 时，点 $C''(0,1)$ 为不稳定源点，点 $B''(1,1)$ 为演化稳定点，其对应的演化稳定策略为（严格规制，严格规制），即规制主体 A 选择严格规制，规制主体 B 选择严格规制（见表 6 - 27）。规制主体 A 与规制主体 B 的行为演化过程如图 6 - 19 所示。

表 6 - 27　均衡点局部稳定性(情形 4)

均衡点	det$J$	tr$J$	稳定性
(0,0)	−	±	鞍点
(1,0)	−	±	鞍点
(1,1)	+	−	演化稳定点
(0,1)	+	+	不稳定
(y_A^*, y_B^*)	+	0	中心点

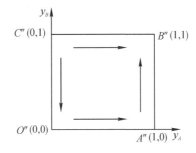

图 6 - 19　情形 4 时系统的演化相位图

5. 情形 5:$\pi_A > 0$,$\pi_B > 0$,$\pi_A - R_A < 0$,$\pi_B - R_B < 0$

当规制主体 A 严格规制的净收益大于 0,规制主体 B 严格规制的净收益大于 0,竞争条件下规制主体 A 严格规制的净收益小于 0,竞争条件下规制主体 B 严格规制的净收益小于 0 时,点 $A''(1,0)$ 和点 $C''(0,1)$ 为不稳定源点,点 $O''(0,0)$ 和点 $B''(1,1)$ 为演化稳定点,其对应的演化稳定策略分别为(不严格规制,不严格规制)与(严格规制,严格规制)(见表 6 - 28)。图 6 - 20 描述了规制主体 A 和规制主体 B 博弈的演化过程,折线 $A''D''C''$ 是系统收敛于不同状态的临界线。规制主体 A 与规制主体 B 的行为演化过程受到系统初始状态与鞍点 D'' 相对位置的影响,当初始状态落在 $A''O''C''D''$ 区域时,博弈收敛于 $O''(0,0)$,即规制主体 A 选择不严格规制,规制主体 B 选择不严格规制;当初始状态落在 $A''B''C''D''$ 区域时,博弈收敛于 $B''(1,1)$,即规制主体 A 选择严格规制,规制主体 B 选择严格规制。规制主体间博弈的具体演化路径和稳定状态取决于区域 $A''B''C''D''$ 的面积 $S_{A''B''C''D''}$ 和区域 $A''O''C''D''$ 的面积 $S_{A''O''C''D''}$ 的大小。若 $S_{A''B''C''D''} > S_{A''O''C''D''}$,系统将以更大的概率向(严格规制,严格规制)的方向演化;若 $S_{A''B''C''D''} < S_{A''O''C''D''}$,系统将以更大的概率向(不严格规制,不严格规制)的方向演化;若 $S_{A''B''C''D''} = S_{A''O''C''D''}$,系统的演化方向则不明确。

表 6 - 28　均衡点局部稳定性(情形 5)

均衡点	det$J$	tr$J$	稳定性
$(0,0)$	$+$	$-$	演化稳定点
$(1,0)$	$+$	$+$	不稳定
$(1,1)$	$+$	$-$	演化稳定点
$(0,1)$	$+$	$+$	不稳定
(y_A^*,y_B^*)	$-$	0	鞍点

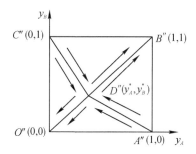

图 6 - 20　情形 5 时系统的演化相位图

6. 情形 6：$\pi_A > 0, \pi_B < 0, \pi_A - R_A > 0$

当规制主体 A 严格规制的净收益大于 0，规制主体 B 严格规制的净收益小于 0，竞争条件下规制主体 A 严格规制的净收益大于 0 时，点 $C''(0,1)$ 为不稳定源点，点 $A''(1,0)$ 为演化稳定点，其对应的演化稳定策略为(严格规制，不严格规制)，即规制主体 A 选择严格规制，规制主体 B 选择不严格规制(见表 6 - 29)。规制主体 A 与规制主体 B 的行为演化过程如图 6 - 21 所示。

表 6 - 29　均衡点局部稳定性(情形 6)

均衡点	det$J$	tr$J$	稳定性
$(0,0)$	$-$	$\pm$	鞍点
$(1,0)$	$+$	$-$	演化稳定点
$(1,1)$	$-$	$\pm$	鞍点
$(0,1)$	$+$	$+$	不稳定
(y_A^*,y_B^*)	$-$	0	鞍点

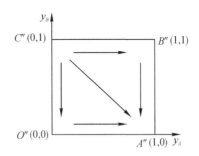

图 6-21 情形 6 时系统的演化相位图

7. 情形 7:$\pi_A > 0, \pi_B < 0, \pi_A - R_A < 0$

当规制主体 A 严格规制的净收益大于 0,规制主体 B 严格规制的净收益小于 0,竞争条件下规制主体 A 严格规制的净收益小于 0 时,点 $C''(0,1)$ 为不稳定源点,点 $O''(0,0)$ 为演化稳定点,其对应的演化稳定策略为(不严格规制,不严格规制),即规制主体 A 选择不严格规制,规制主体 B 选择不严格规制(见表 6-30)。规制主体 A 与规制主体 B 的行为演化过程如图 6-22 所示。

表 6-30 均衡点局部稳定性(情形 7)

均衡点	det$\boldsymbol{J}$	tr$\boldsymbol{J}$	稳定性
(0,0)	+	−	演化稳定点
(1,0)	−	±	鞍点
(1,1)	−	±	鞍点
(0,1)	+	+	不稳定
(y_A^*, y_B^*)	+	0	中心点

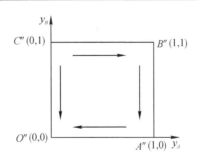

图 6-22 情形 7 时系统的演化相位图

8. 情形 8:$\pi_A < 0, \pi_B > 0, \pi_B - R_B > 0$

当规制主体 A 严格规制的净收益小于 0,规制主体 B 严格规制的净收益大于

0,竞争条件下规制主体 B 严格规制的净收益大于 0 时,点 $A''(1,0)$ 为不稳定源点,点 $C''(0,1)$ 为演化稳定点,其对应的演化稳定策略为(不严格规制,严格规制),即规制主体 A 选择不严格规制,规制主体 B 选择严格规制(见表 6-31)。规制主体 A 与规制主体 B 的行为演化过程如图 6-23 所示。

表 6-31　均衡点局部稳定性(情形 8)

均衡点	det$J$	tr$J$	稳定性
$(0,0)$	—	±	鞍点
$(1,0)$	+	+	不稳定
$(1,1)$	—	±	鞍点
$(0,1)$	+	—	演化稳定点
(y_A^*, y_B^*)	—	0	鞍点

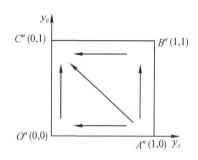

图 6-23　情形 8 时系统的演化相位图

9. 情形 9:$\pi_A < 0, \pi_B > 0, \pi_B - R_B < 0$

当规制主体 A 严格规制的净收益小于 0,规制主体 B 严格规制的净收益大于 0,竞争条件下规制主体 B 严格规制的净收益小于 0 时,点 $A''(1,0)$ 为不稳定源点,点 $O''(0,0)$ 为演化稳定点,其对应的演化稳定策略为(不严格规制,不严格规制),即规制主体 A 选择不严格规制,规制主体 B 选择不严格规制(见表 6-32)。规制主体 A 与规制主体 B 的行为演化过程如图 6-24 所示。

表 6-32　均衡点局部稳定性(情形 9)

均衡点	det$J$	tr$J$	稳定性
$(0,0)$	+	—	演化稳定点
$(1,0)$	+	+	不稳定
$(1,1)$	—	±	鞍点
$(0,1)$	—	±	鞍点
(y_A^*, y_B^*)	+	0	中心点

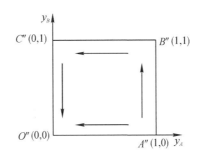

图 6-24　情形 9 时系统的演化相位图

6.4.3　结果讨论

表 6-33 为不同情形下规制主体 A 与规制主体 B 博弈的演化稳定策略,当 $\pi_A < 0$ 时(情形 1、8、9),规制主体 A 倾向选择不严格规制。当 $\pi_A > 0$ 时(情形 2、3、4、5、6、7),对于情形 2、3、4、6,规制主体 A 倾向选择严格规制;对于情形 5,区域 $A''B''C''D''$ 的面积 $S_{A''B''C''D''}$ 越大,规制主体 A 越倾向选择严格规制;对于情形 7,规制主体 B 严格规制的净收益以及竞争条件下严格规制的净收益都小于 0($\pi_B < 0$,$\pi_B - R_B < 0$),规制主体 B 总是会选择不严格规制,由于竞争条件下规制主体 A 严格规制的净收益小于 0($\pi_A - R_A < 0$),所以规制主体 A 倾向选择不严格规制。假定博弈中出现各种情形的概率是一致的,则通过提高规制主体 A 严格规制的净收益 π_A、提高竞争条件下规制主体 A 严格规制的净收益 $\pi_A - R_A$、降低规制主体选择严格规制策略的比例临界值 y_A^* 或 y_B^* 以增大区域 $A''B''C''D''$ 的面积 $S_{A''B''C''D''}$,可以促使规制主体 A 的稳定策略向严格规制的方向演化。其中,$S_{A''B''C''D''} = 1 - S_{A''O'C''D''} = 1 - \dfrac{(y_A^* + y_B^*)}{2}$。同理,通过提高规制主体 B 严格规制的净收益 π_B、提高竞争条件下规制主体 B 严格规制的净收益 $\pi_B - R_B$、降低规制主体选择严格规制策略的比例临界值 y_A^* 或 y_B^* 以增大区域 $A''B''C''D''$ 的面积 $S_{A''B''C''D''}$,可以促使规制主体 B 的稳定策略向严格规制的方向演化。

表 6-33　不同情形下规制主体之间博弈的演化稳定策略

情形	π_A	π_B	$\pi_A - R_A$	$\pi_B - R_B$	演化稳定策略
1	−	−	−	−	(不严格规制,不严格规制)
2	+	+	+	+	(严格规制,严格规制)
3	+	+	−	+	(严格规制,严格规制)
4	+	+	+	−	(严格规制,严格规制)

情形	π_A	π_B	$\pi_A - R_A$	$\pi_B - R_B$	演化稳定策略
5	$+$	$+$	$-$	$-$	(不严格规制,不严格规制)或 (严格规制,严格规制)
6	$+$	$-$	$+$	$-$	(严格规制,不严格规制)
7	$+$	$-$	$-$	$-$	(不严格规制,不严格规制)
8	$-$	$+$	$-$	$+$	(不严格规制,严格规制)
9	$-$	$+$	$-$	$-$	(不严格规制,不严格规制)

6.5　参数讨论与影响途径分析

在规制主体与排污企业的环境规制策略博弈中,提高企业不完全治污时规制主体严格规制的净收益 π_1,提高企业完全治污时规制主体严格规制的净收益 π_2,增大企业选择完全治污策略的比例临界值 x^* 以增大区域 Ⅰ、Ⅲ 的面积,可以促使规制主体的稳定策略向严格规制的方向演化。根据表达式 $\pi_1 = (1-\lambda_L)[k(q-\lambda_E e)(1-\delta_2)-C_2]$,$\pi_2 = (1-\lambda_L)[k(q-e)(1-\delta_2)-C_2]$,$x^* = \dfrac{k(q-\lambda_E e)(1-\delta_2)-C_2}{ke(1-\lambda_E)(1-\delta_2)}$ 可知,提高环境规制政策标准以提高 k,降低环境规制成本 C_2,降低企业利润对规制主体效用的影响系数 δ_2,可以使 π_1、π_2 和 x^* 相应提高,因此能够促使规制主体严格规制;而污染物削减量 e 的增加将使 π_1、π_2 和 x^* 降低,因此不利于规制主体严格规制。

在规制主体与监督主体的环境规制策略博弈中,提高监督主体不严格监察时规制主体严格规制的净收益 π_5,降低监督主体选择严格监察策略的比例临界值 z^* 以增大区域 Ⅰ、Ⅱ 的面积,可以促使规制主体的稳定策略向严格规制的方向演化。其中,$\pi_5 = k(H-\lambda_L Q)+\delta_1 E-(1-\lambda_L)C_2-\delta_2(G_1-G_2)+\lambda_C F_2$,$z^* = \dfrac{(1-\lambda_L)C_2+\delta_2(G_1-G_2)-k(H-\lambda_L Q)-\delta_1 E-\lambda_C F_2}{F_2(1-\lambda_C)}$。假设当规制主体严格规制时,企业选择完全治污策略的比例为 x_1,当规制主体不严格规制时,企业选择完全治污策略的比例为 x_2。根据提高企业完全治污的净收益(π_3 或 π_4)以及降低规制主体选择严格规制策略的比例临界值 y_1^* 可以促使企业选择完全治污可知,$x_1 > x_2$。规制主体严格规制时辖区内的排污量可以表示为 $H = x_1 h_1 + (1-x_1)h_2$,规制主体不严格规制时辖区内的排污量可以表示为 $Q = x_2 h_1 + (1-x_2)h_2$,$E = Q-H$,规制主体严格规制使辖区内企业受到的利润损失 $G_1 = x_1(C_1+kh_1)+(1-x_1)(\lambda_E C_1+kh_2)$,规制主体不严格规制使辖区内企业受到的利润损失 $G_2 = x_2(C_1+kh_1)+(1-x_2)$

$(\lambda_E C_1 + k h_2)$，$h_1 = q - e$，$h_2 = q - \lambda_E e$。将上述表达式代入 π_5 并整理，可以得到 π_5 的三种表达式：

$$\pi_5 = k[-(x_1 - \lambda_L x_2)(1-\lambda_E)e + (1-\lambda_L)(q-\lambda_E e)] + \delta_1(x_1-x_2)(1-\lambda_E)e - \delta_2(x_1-x_2)(1-\lambda_E)(C_1-ke) - (1-\lambda_L)C_2 + \lambda_C F_2 \qquad (6-10)$$

$$\pi_5 = k\{(1-\lambda_L)(q-\lambda_E e) - (1-\lambda_E)e[(x_1-\lambda_L x_2) - \delta_2(x_1-x_2)]\} + (x_1-x_2)(1-\lambda_E)(\delta_1 e - \delta_2 C_1) - (1-\lambda_L)C_2 + \lambda_C F_2 \qquad (6-11)$$

$$\pi_5 = e\{(x_1-x_2)(1-\lambda_E)(\delta_1 + \delta_2 k) - [k(x_1-\lambda_L x_2)(1-\lambda_E) + k(1-\lambda_L)\lambda_E]\} - \delta_2(x_1-x_2)C_1(1-\lambda_E) + k(1-\lambda_L)q - (1-\lambda_L)C_2 + \lambda_C F_2 \qquad (6-12)$$

根据式（6-10）容易得出，提高考核体系中环境指标的权重系数 δ_1，降低环境规制成本 C_2，增大监督主体对规制主体的处罚额 F_2，降低企业的治污成本 C_1，可以使 π_5 相应提高、使 z^* 降低，从而促使规制主体严格规制。当 $C_1 > ke$ 时，降低企业利润对规制主体效用的影响系数 δ_2，可以使 π_5 提高、使 z^* 降低，从而促使规制主体严格规制；当 $C_1 < ke$ 时，降低企业利润对规制主体效用的影响系数 δ_2，会使 π_5 降低、使 z^* 提高，从而不利于规制主体严格规制；当 $C_1 = ke$ 时，企业利润对规制主体效用的影响系数的变化将不会影响环境规制实施。根据式（6-11）可以得出，

当 $q - \lambda_E e > \dfrac{(1-\lambda_E)e[(x_1-\lambda_L x_2) - \delta_2(x_1-x_2)]}{(1-\lambda_L)} = h_2^*$ 时，提高环境规制政策标准以提高 k，可以使 π_5 提高、使 z^* 降低，从而促使规制主体严格规制；当 $q-\lambda_E e < \dfrac{(1-\lambda_E)e[(x_1-\lambda_L x_2) - \delta_2(x_1-x_2)]}{(1-\lambda_L)}$ 时，提高环境规制政策标准以提高 k，会使 π_5 降低、使 z^* 提高，从而不利于规制主体严格规制；当 $q - \lambda_E e = \dfrac{(1-\lambda_E)e[(x_1-\lambda_L x_2) - \delta_2(x_1-x_2)]}{(1-\lambda_L)}$ 时，环境规制政策标准的变化将不会影响规制主体的环境规制。根据式（6-12）可以得出，当 $\delta_1 > k\left\{\dfrac{[(x_1-\lambda_L x_2)(1-\lambda_E) + (1-\lambda_L)\lambda_E]}{(x_1-x_2)(1-\lambda_E)} - \delta_2\right\} = \delta^*$ 时，增加污染物削减量 e，可以使 π_5 提高、使 z^* 降低，从而促使规制主体严格规制；当 $\delta_1 < k\left\{\dfrac{[(x_1-\lambda_L x_2)(1-\lambda_E) + (1-\lambda_L)\lambda_E]}{(x_1-x_2)(1-\lambda_E)} - \delta_2\right\}$ 时，增加污染物削减量 e，会使 π_5 降低、使 z^* 提高，从而不利于规制主体严格规制；当 $\delta_1 = k\left\{\dfrac{[(x_1-\lambda_L x_2)(1-\lambda_E) + (1-\lambda_L)\lambda_E]}{(x_1-x_2)(1-\lambda_E)} - \delta_2\right\}$ 时，污染物削减量的变化将不会影响环境规制实施。

在规制主体之间的环境规制策略博弈中，提高规制主体 A 严格规制的净收益 π_A，提高竞争条件下规制主体 A 严格规制的净收益 $\pi_A - R_A$，降低规制主体选择严

格规制策略的比例临界值 y_A^* 或 y_B^* 以增大区域 $A''B''C''D''$ 的面积 $S_{A''B''C''D''}$，可以促使规制主体 A 的稳定策略向严格规制的方向演化。其中，$\pi_A = -(1-\lambda_L)C_2^A + k(H_A - \lambda_L Q_A) + \delta_1(1-\gamma_A)E_A - \delta_2(G_A^1 - G_A^2)$，$y_A^* = \dfrac{(1-\lambda_L)C_2^B + \delta_2(G_B^1 - G_B^2) - k(H_B - \lambda_L Q_B) - \delta_1(1-\gamma_B)E_B + R_B}{R_B}$，$y_B^* = \dfrac{(1-\lambda_L)C_2^A + \delta_2(G_A^1 - G_A^2) - k(H_A - \lambda_L Q_A) - \delta_1(1-\gamma_A)E_A + R_A}{R_A}$。按照上述规制主体与监督主体环境规制策略博弈中参数讨论的处理方式，可以得到 π_A 的三种表达式：

$$\pi_A = k[-(x_1-\lambda_L x_2)(1-\lambda_E)e + (1-\lambda_L)(q-\lambda_E e)] + \delta_1(x_1-x_2)(1-\lambda_E)(1-\gamma_A)e - \delta_2(x_1-x_2)(1-\lambda_E)(C_1-ke) - (1-\lambda_L)C_2^A \tag{6-13}$$

$$\pi_A = k\{(1-\lambda_L)(q-\lambda_E e) - (1-\lambda_E)e[(x_1-\lambda_L x_2) - \delta_2(x_1-x_2)]\} + (x_1-x_2)(1-\lambda_E)[\delta_1(1-\gamma_A)e - \delta_2 C_1] - (1-\lambda_L)C_2^A \tag{6-14}$$

$$\pi_A = e\{(x_1-x_2)(1-\lambda_E)[\delta_1(1-\gamma_A) + \delta_2 k] - [k(x_1-\lambda_L x_2)(1-\lambda_E) + k(1-\lambda_L)\lambda_E]\} - \delta_2(x_1-x_2)C_1(1-\lambda_E) + k(1-\lambda_L)q - (1-\lambda_L)C_2^A \tag{6-15}$$

根据式 (6-13) 容易得出，提高考核体系中环境指标的权重系数 δ_1，降低环境规制成本 C_2^A，降低规制主体 A 对规制主体 B 的外部效应影响系数 γ_A，降低企业的治污成本 C_1，可以使 π_A 相应提高、使 y_B^* 降低，从而促使规制主体 A 严格规制。另外，降低规制主体 B 不严格规制而规制主体 A 严格规制所承担的排位下降成本 R_A，可以提高竞争条件下规制主体 A 严格规制的净收益 $\pi_A - R_A$，并且使 y_B^* 降低，从而促使规制主体 A 严格规制。当 $C_1 > ke$ 时，降低企业利润对规制主体效用的影响系数 δ_2，可以使 π_A 提高、使 y_B^* 降低，从而促使规制主体 A 严格规制；当 $C_1 < ke$ 时，降低企业利润对规制主体效用的影响系数 δ_2，会使 π_A 降低、使 y_B^* 提高，从而不利于规制主体 A 严格规制；当 $C_1 = ke$ 时，企业利润对规制主体效用的影响系数的变化将不会影响规制主体 A 环境规制。根据式 (6-14) 可以得出，当 $q - \lambda_E e > \dfrac{(1-\lambda_E)e[(x_1-\lambda_L x_2) - \delta_2(x_1-x_2)]}{(1-\lambda_L)} = h_A^*$ 时，提高环境规制政策标准以提高 k，可以使 π_A 提高、使 y_B^* 降低，从而促使规制主体 A 严格规制；当 $q - \lambda_E e < \dfrac{(1-\lambda_E)e[(x_1-\lambda_L x_2) - \delta_2(x_1-x_2)]}{(1-\lambda_L)}$ 时，提高环境规制政策标准以提高 k，会使 π_A 降低、使 y_B^* 提高，从而不利于规制主体 A 严格规制；当 $q - \lambda_E e = \dfrac{(1-\lambda_E)e[(x_1-\lambda_L x_2) - \delta_2(x_1-x_2)]}{(1-\lambda_L)}$ 时，环境规制政策标准的变化将不会影响规

制主体 A 的环境规制。根据式（6-15）可以得出，当 $\delta_1 > \frac{k}{1-\gamma_A}\left\{\frac{[(x_1-\lambda_L x_2)(1-\lambda_E)+(1-\lambda_L)\lambda_E]}{(x_1-x_2)(1-\lambda_E)}-\delta_2\right\}=\delta_A^*$ 时，增加污染物削减量 e，可以使 π_A 提高、使 y_B^* 降低，从而促使规制主体 A 严格规制；当 $\delta_1 < \frac{k}{1-\gamma_A}\left\{\frac{[(x_1-\lambda_L x_2)(1-\lambda_E)+(1-\lambda_L)\lambda_E]}{(x_1-x_2)(1-\lambda_E)}-\delta_2\right\}$ 时，增加污染物削减量 e，会使 π_A 降低、使 y_B^* 提高，从而不利于规制主体 A 严格规制；当 $\delta_1 = \frac{k}{1-\gamma_A}\left\{\frac{[(x_1-\lambda_L x_2)(1-\lambda_E)+(1-\lambda_L)\lambda_E]}{(x_1-x_2)(1-\lambda_E)}-\delta_2\right\}$ 时，污染物削减量的变化将不会影响规制主体 A 环境规制。同理，针对规制主体 B 的分析也可以得出上述结论，此处不再赘述。参数变化对环境规制实施策略的影响及作用途径如表 6-34 所示。

表 6-34　参数变化对环境规制实施策略的影响

参数变化	规制主体-排污企业博弈			规制主体-监督主体博弈			规制主体-规制主体博弈		
	π_1、π_2	x^*	y	π_5	z^*	y	π_A、π_A-R_A	y_A^*、y_B^*	y_A
$\delta_1\uparrow$	—	—	—	↑	↓	↑	↑	↓	↑
$C_2\downarrow$	↑	↑	↑	↑	↓	↑	↑	↓	↑
$C_1\downarrow$	—	—	—	↑	↓	↑	↑	↓	↑
$F_2\uparrow$	—	—	—	↑	↓	↑	—	—	—
$\delta_2\downarrow$ （$C_1>ke$）	↑	↑	↑	↑	↑	↑	↑	↑	↑
$\delta_2\downarrow$ （$C_1<ke$）				↓	↑	↓	↓	↑	↓
$\delta_2\downarrow$ （$C_1=ke$）				—	—	—	—	—	—
$k\uparrow$ （$q-\lambda_E e>h_2^*$）	↑	↑	↑	↑	↓	↑	↑	↓	↑
$k\uparrow$ （$q-\lambda_E e<h_2^*$）				↓	↑	↓	↓	↑	↓
$k\uparrow$ （$q-\lambda_E e=h_2^*$）				—	—	—	—	—	—

续表

参数变化	规制主体-排污企业博弈			规制主体-监督主体博弈			规制主体-规制主体博弈		
	π_1、π_2	x^*	y	π_5	z^*	y	π_A、π_A-R_A	y_A^*、y_B^*	y_A
$e\uparrow$	$\downarrow$	$\downarrow$	$\downarrow$	$\delta_1>\delta^*$			$\delta_1>\delta_A^*$		
				$\uparrow$	$\downarrow$	$\uparrow$	$\uparrow$	$\downarrow$	$\uparrow$
				$\delta_1<\delta^*$			$\delta_1<\delta_A^*$		
				$\downarrow$	$\uparrow$	$\downarrow$	$\downarrow$	$\uparrow$	$\uparrow$
				$\delta_1=\delta^*$			$\delta_1=\delta_A^*$		
				—	—	—	—	—	—
$R_A\downarrow$	—	—	—	—	—	—	$\uparrow$	$\downarrow$	$\uparrow$
$\gamma_A\downarrow$	—	—	—	—	—	—	$\uparrow$	$\downarrow$	$\uparrow$

从表 6-34 可以看出,提高考核体系中环境指标的权重系数 δ_1、降低企业的治污成本 C_1,并不会在规制主体与排污企业的博弈中影响规制主体的策略选择,而是在规制主体与监督主体、规制主体之间的博弈中促进了环境规制的严格施行。降低规制主体的环境规制成本 C_2,可以在规制主体与排污企业博弈、规制主体与监督主体博弈以及规制主体之间博弈三个维度促使规制主体选择严格规制。加大监督主体对规制主体的处罚力度 F_2,并不会在规制主体与排污企业、规制主体之间的博弈中影响规制主体的策略选择,而是在规制主体与监督主体的博弈中促进了环境规制的严格施行。降低企业利润对规制主体效用的影响系数 δ_2,会在规制主体与排污企业的博弈中促使规制主体选择严格规制的策略。但是,在规制主体与监督主体博弈以及规制主体之间的博弈中,δ_2 对规制主体规制策略的影响取决于治污成本 C_1,当 $C_1>ke$ 时,降低 δ_2 会促进环境规制的严格施行;当 $C_1<ke$ 时,降低 δ_2 会促使规制主体不严格规制;当 $C_1=ke$ 时,δ_2 的变化对环境规制实施没有影响。类似的情况也发生在环境规制政策标准的变化上,当提高环境规制政策标准以提高环境规制实施强度 k 时,会在规制主体与排污企业的博弈中促使规制主体选择严格规制的策略。但是,在规制主体与监督主体博弈以及规制主体之间的博弈中,环境规制政策标准对规制主体规制策略的影响取决于企业不完全治污时的排污量 $q-\lambda_E e$,当 $q-\lambda_E e>h_2^*$ 时,提高环境规制政策标准会促进环境规制的严格施行;当 $q-\lambda_E e<h_2^*$ 时,提高环境规制政策标准会促使规制主体不严格规制;当 $q-\lambda_E e=h_2^*$ 时,环境规制政策标准的变化对环境规制实施没有影响。如果借助污染削减技术创新增加了企业的污染物削减量 e,那么在规制主体与排污企业的博弈中将不利于规制主体选择严格规制。但是,在规制主体与监督主体博弈以及规制主体之间的博弈中,e 对规制主体规制策略的影响取决于环境指标权重系数 δ_1。

在规制主体与监督主体博弈中，当 $\delta_1 > \delta^*$ 时，增加企业的污染物削减量会促进环境规制的严格施行；当 $\delta_1 < \delta^*$ 时，增加企业的污染物削减量会促使规制主体不严格规制；当 $\delta_1 = \delta^*$ 时，企业污染物削减量的变化对环境规制实施没有影响。在规制主体之间的博弈中，当 $\delta_1 > \delta_A^*$ 时，增加企业的污染物削减量会促进环境规制的严格施行；当 $\delta_1 < \delta_A^*$ 时，增加企业的污染物削减量会促使规制主体不严格规制；当 $\delta_1 = \delta_A^*$ 时，企业污染物削减量的变化对环境规制实施没有影响。降低规制主体之间的外部效应影响系数、降低规制主体严格规制所承担的排位下降成本，在规制主体与排污企业、规制主体与监督主体的博弈中不会影响规制主体的策略选择，而是会在规制主体之间的博弈中促使规制主体严格规制。

6.6　本章小节

本章从演化博弈的研究视角探讨了规制主体、排污企业以及监督主体的决策演化过程，分别建立了规制主体与排污企业、规制主体与监督主体以及规制主体之间的演化博弈模型，根据复制动态方程得到了各个参与者的行为演化规律和行为演化稳定策略，分析了环境规制实施策略的影响因素。研究结果表明，在有限理性的条件下，环境规制实施策略的影响因素会在不同的博弈维度以及不同的条件下影响环境规制实施。

第三篇

实证研究篇

第7章　环境规制实施实证分析

第 5 章和第 6 章分析了环境规制实施的影响因素和影响途径,第 7 章将以第 5 章和第 6 章的理论分析为基础,运用结构方程模型进行定量验证性分析,以检验各影响因素对环境规制实施的影响和作用强度。

7.1　环境规制实施影响因素模型的构建

7.1.1　结构方程模型构建步骤

之所以运用结构方程模型(structural equation modeling,SEM)对环境规制实施的影响因素进行实证分析,是因为本书涉及的绝大部分变量具有主观性强、难以直接测量以及测量误差大等特点,而结构方程模型恰恰能够较好地解决这些问题。结构方程模型是融合了因素分析和路径分析的多元统计分析技术,是一种借助理论进行假设检验的建模技术,它可以实现对多变量、多结果之间交互关系的定量研究。在近几十年里,结构方程模型大量应用于社会科学和行为科学领域,本书欲通过结构方程模型实证检验各因素对环境规制实施的影响以及影响路径是否成立。一般而言,结构方程模型分析主要包括以下步骤:

(1)模型构建。SEM 是一种理论模型检验的统计方法,模型中变量之间的相关关系或因果关系并不是由模型去发现的,而是源于一定的理论分析或已往研究中获得的经验性结论。模型构建是将理论假设以 SEM 的分析形式表达出来,用方程或路径图来表示变量之间的因果关系。

(2)模型识别。模型识别是判断模型是否可被识别,如果模型可被识别,则表示理论上模型中的每个参数皆可以导出唯一的估计值,否则会有无穷多组参数产生观察数据,将无法在这些参数中做出选择。

(3)模型估计。模型设定后,需要对模型中的参数进行估计,尽量缩小实际样本与模型估计的方差和协方差之间的残差,一般使用极大似然估计法。

(4)模型拟合评价。SEM 评价的核心是模型的拟合性,即研究者所提出的变量间关联模型是否与实际样本数据拟合以及拟合程度如何。一般结合拟合指标(卡方检验)对所构建的方差和协方差矩阵与样本数据的方差和协方差矩阵进行匹配,检验模型的总体拟合程度。

　　(5)模型修正。如果拟合指标显示初始模型与样本数据之间拟合情况不佳,或者初始模型不能拟合观测数据时,就需要对模型进行修正。修正时,可以采用调整相关变量关系以及删除、增加或修改因果路径的方法,之后再利用同一组观测数据进行检验。

　　结构方程模型分析的基本步骤可以用图7-1表示。

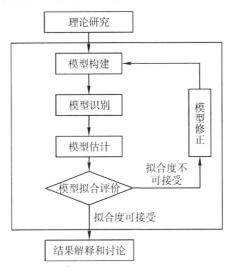

图7-1　结构方程模型分析的基本步骤

7.1.2　结构模型与测量模型

　　结构方程模型由结构模型(structural model)和测量模型(measurement model)两部分组成。结构模型又称为因果模型,描述潜变量之间的因果关系。潜变量是指无法直接观测的变量。其中,作为"因"的潜变量称为外因潜变量(外生潜变量),作为"果"的潜变量称为内因潜变量(内生潜变量)。外因潜变量对内因潜变量的解释会受到干扰潜变量的影响,即结构模型中的干扰因素或残差值。由于潜变量无法直接观测,因此需要借助一组观测变量(两个或两个以上)来反映,观测变量反映了潜变量不同侧面的特征,观测变量的叠加反映出了潜变量的综合特性。测量模型就是描述观测变量与潜变量之间关系的模型。

　　环境规制实施受到了各种因素的影响,并最终以环境规制实施强度的形式表现出来。环境规制实施的影响因素,主要包括:考核体系中环境指标的权重系数、规制主体的环境规制成本、企业的治污成本、监督主体对规制主体的处罚力度、企业利润对规制主体效用的影响系数、环境规制政策标准、企业的污染物削减量、规制主体之间的外部效应影响系数以及规制主体严格规制所承担的排位下降成本。在外因潜变量的选择上,本书抽离了企业的污染物削减量、企业的治污成本和规制主体之间的外部效应影响系数这三个非制度因素。另外,考虑到考核体系中环境指标的权重系数和监督主体对规制主体的处罚力度都属于监督主体对环境治理的奖励惩罚范畴,所以将这两个因素合并成一个外因潜变量来考察。由此,本书的外因潜变量包括:监督主体对环境治理的奖惩力度(reward and punishment of pollution control,RPPC)、企业利润对规制主体效用的影响(influence of profit to utility,IPU)、规制主体间竞争程度(competition between local governments,CLG)、环境规制成本(cost of regulation implementation,CRI)以及环境规制政策标准(policy and standards of environmental regulation,PSER)。在内因潜变量的选择上,根据规制工具的分类,主要包括:命令控制型环境规制实施强度(CAC)和激励型环境规制实施强度(MBI)。观测变量的选择以前文理论分析为基础,并且充分借鉴了以往相关研究,在归纳、删选和合并后最终确定。表 7 - 1 列示了本书涉及的潜变量和观测变量。

表 7 - 1　结构模型和测量模型的相关变量

外因潜变量	内因潜变量
监督主体对环境治理的奖惩力度(RPPC)	命令控制型环境规制实施强度(CAC)
RPPC1:监督主体环境监察的密集程度 RPPC2:考核体系中环境指标权重系数的高低 RPPC3:完成环境任务的奖励程度 RPPC4:环境违规处罚的严格程度 观测变量来源:前文理论分析	CAC1:环境影响评价制度的严格程度 CAC2:三同时制度的严格程度 CAC3:审批控制的严格程度(获得排污许可的难度) CAC4:限期治理和关停并转的严格程度 观测变量来源:前文理论分析、李婉红等[190]
企业利润对规制主体效用的影响(IPU)	
IPU1:企业利润对财政收入的影响程度 IPU2:支出责任的大小程度 IPU3:考核体系中经济指标权重系数的高低 观测变量来源:前文理论分析	
规制主体间竞争程度(CLG)	激励型环境规制实施强度(MBI)
CLG1:经济排位下降带来的成本大小 CLG2:规制主体间争夺流动性要素的激烈程度 CLG3:来自竞争对手压力的大小 观测变量来源:前文理论分析、闫文娟[193]、张军等[194]	MBI1:排污费征收的严格程度 MBI2:监察频率的高低 MBI3:补征排污费的严格程度 MBI4:超标或违规处罚的严格程度 观测变量来源:前文理论分析、马富萍等[191]、Telle[192]
环境规制成本(CRI)	
CRI1:环境监管的难度 CRI2:环境规制投入的人力、物力和财力的多少 CRI3:环境规制所遇到的阻力大小 观测变量来源:前文理论分析	
环境规制政策标准(PSER)	
PSER1:排污降耗、治污技术、生产技术等标准的严格程度 PSER2:环境规制政策法规的完善程度 PSER3:排污费率、罚款费率的高低 观测变量来源:前文理论分析、马富萍等[191]、李拓晨等[195]	

7.1.3 研究假设

在环境规制实施影响因素的理论分析中,我们得出的主要结论包括:提高考核体系中环境指标的权重系数,提高监督主体对规制主体的处罚力度,降低规制主体的环境规制成本,降低规制主体严格规制所承担的排位下降成本(降低规制主体间竞争程度),可以促使规制主体选择严格规制;当企业的治污成本大于治污收益时(一般情况下,企业治污成本总是会大于治污收益,否则追求利润最大化的企业会主动治理污染而无须规制,这与现实是不符的),降低企业利润对规制主体效用的影响系数,可以促使规制主体选择严格规制;提高环境规制政策标准,会在规制主体与排污企业的博弈中促使规制主体选择严格规制,但是在规制主体与监督主体博弈以及规制主体之间的博弈中,环境规制政策标准对环境规制实施的影响则取决于企业不完全治污时的排污量。根据这些结论,我们可以提出结构方程模型中潜变量之间相互作用的假设。

H1:监督主体对环境治理的奖惩力度(RPPC)对命令控制型环境规制实施强度(CAC)具有显著的正向影响。

H2:企业利润对规制主体效用的影响(IPU)对命令控制型环境规制实施强度(CAC)具有显著的负向影响。

H3:规制主体间竞争程度(CLG)对命令控制型环境规制实施强度(CAC)具有显著的负向影响。

H4:环境规制成本(CRI)对命令控制型环境规制实施强度(CAC)具有显著的负向影响。

H5:环境规制政策标准(PSER)对命令控制型环境规制实施强度(CAC)具有显著的正向(或负向)影响。

H6:监督主体对环境治理的奖惩力度(RPPC)对激励型环境规制实施强度(MBI)具有显著的正向影响。

H7:企业利润对规制主体效用的影响(IPU)对激励型环境规制实施强度(MBI)具有显著的负向影响。

H8:规制主体间竞争程度(CLG)对激励型环境规制实施强度(MBI)具有显著的负向影响。

H9:环境规制成本(CRI)对激励型环境规制实施强度(MBI)具有显著的负向影响。

H10:环境规制政策标准(PSER)对激励型环境规制实施强度(MBI)具有显著的正向(或负向)影响。

这些研究假设可以用路径图的形式表达,由此也确立了基本的环境规制实施影响因素概念模型,如图7-2所示。

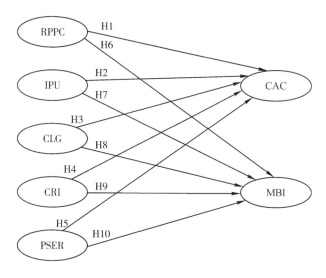

图 7-2　潜变量之间路径关系假设

7.2　研究对象的选取及数据收集

7.2.1　研究量表设计

调查问卷设计包括问卷结构安排和观测变量测量两部分内容。问卷结构安排是要确定问卷所需收集信息的范围和内容,根据所需收集信息的范围和内容选定答卷人。观测变量测量则是要确定答卷人如何测量观测变量,即如何为题目打分。

1. 问卷结构安排

我们根据掌握信息的不同主体设计了三份问卷,分别由相应的单位进行填答。三份问卷分别为:监督主体调查问卷、规制主体调查问卷和企业调查问卷。三份问卷均包括说明信、答卷说明、基本资料和测量题项这些内容。

监督主体调查问卷主要侧重了解监督主体对环境治理的奖惩力度、企业利润对规制主体效用的影响以及规制主体间竞争程度等信息。规制主体调查问卷主要侧重了解环境规制成本和环境规制政策标准等信息。企业调查问卷主要侧重了解命令控制型环境规制实施强度和激励型环境规制实施强度等信息。环境规制实施强度直接作用于企业,相较于环境规制完成率等相关数据,作为环境规制客体的企业能够更加真实、准确地感受到环境规制实施强度的大小,因此在环境规制实施强度的测量上选择了企业的主观评价。由于在生产过程中对环境产生压力的污染型企业是环境规制的主要对象,而且这些企业对环境规制实施强度的变化也更为敏感,因此选择污染型企业作为企业调查问卷的调查对象,具体涉及火电、钢铁、水泥、煤炭、冶金、化工、石化、建材、造纸、酿造、制药、发酵、纺织和采矿等行业。

对于以上调查对象,被问的问题都不涉及敏感内容,也不包含任何是非功过的价值判断,都只是一些客观状况的反映,因此能够较好地保证受访者提供真实信息。

2. 观测变量测量

我们以测量模型为基础,尽可能选择相关文献中出现过的、被验证过的题项,并且在广泛征求专家意见后,对题项进行了修改、完善和纯化。为保证问卷的信度和效度,最佳的题项数量一般控制在 30 个以内,本书中共计 24 个题项,满足了信度和效度的要求。在测量方法上,除了个人基本资料以外,均由答卷人对封闭式问卷做主观感知式填答。对变量的测度采用李克特 5 级量表法,即"5＝很大或很高,4＝比较大或比较高,3＝一般,2＝比较小或比较低,1＝很小或很低",答卷人只需在相应的态度评价下方的方框内打√即可。另外,每份问卷的问题数量较少,不会占用答卷人很多时间,所以比较容易获得答卷人的积极配合。

7.2.2 问卷发放与回收

SEM 分析结果的可信度是以一定的样本量为基础的,样本量越大,SEM 分析结果就越精确。然而,在问卷调查成本的约束下,样本量不可能无限扩大。关于保证分析结果精度的样本量要求,目前还没有统一的规定。Bagozzi 等认为,SEM 所要求的样本量要超过 50 个[196]。Dolan 等建议样本量要大于 100 个,少于 100 个的样本量会使产生的相关矩阵不够稳定,从而降低 SEM 分析结果的信度[197]。Fox 认为,如果观测变量与潜变量的比值为 3 或 4,则样本量至少要达到 100 个,如果比值为 6 以上,则像 50 个这样的小样本也能够满足分析要求[198]。侯杰泰等认为,为保证 SEM 的稳定性和样本的代表性,大多数模型需要至少 100 个样本[199]。综合以上学者的研究结论可知,100～200 个的样本量是符合 SEM 分析要求的。

本研究的调研过程如下:①确定调研区域。以代表性和多样性为指导原则,尽量使样本空间分布广泛。为了保证调研的顺利进行,优先选取有一定社会关系的城市。②确定调查对象,具体包括监督主体、规制主体和企业三个方面。③通过社会关系,借助高校同学以及在环境规制部门工作的校友的力量,以电话、E-mail 等方式与相关负责人取得联系,积极寻求支持与帮助。④实施调查。从目标范围采集数据,将监督主体调查问卷、规制主体调查问卷和企业调查问卷分别发放给相关负责人。⑤问卷回收和剔除。监督主体调查问卷共发放 240 份,收回 176 份,回收率为 73.3%;规制主体调查问卷共发放 240 份,收回 179 份,回收率为 74.6%;企业调查问卷共发放 240 份,收回 203 份,回收率为 84.6%。剔除非污染型行业问卷、填写不完整或回答明显不认真的问卷,获得可用于 SEM 分析的有效问卷 169

份,有效回收率为 70.4%,在样本量上符合了 SEM 的分析要求。有关样本的基本资料见表 7-2。

表 7-2　企业行业分布

行业	样本数	比重/%
火电	7	4.1
钢铁	13	7.7
水泥	8	4.7
煤炭	5	2.9
冶金	14	8.2
化工	15	8.9
石化	12	7.1
建材	19	11.3
造纸	6	3.6
酿造	15	8.9
制药	18	10.7
发酵	16	9.5
纺织	12	7.1
采矿	9	5.3

7.2.3　信度检验

信度(reliability)反映的是数据的可靠程度,包括测量数据表达内容或特质的一致性,以及一种测量工具对同一群受试者在不同时间上重复测量结果的再现性和稳定性。通常对量表信度的检验有三种方法,即再测信度、折半信度和克龙巴赫 α 系数(Cronbach's α coefficient)信度。本书采用克龙巴赫 α 系数法,它实际上是基于问卷题目之间的相关性进而分析量表内部的一致性。α 值越大,则量表信度越高。一般认为,$\alpha \geqslant 0.8$,表示量表的信度很高;$0.7 \leqslant \alpha < 0.8$,表示量表的信度较高;$\alpha < 0.7$,为低信度,应考虑重新修订量表。

本书采用 SPSS 17.0 对所收集数据做克龙巴赫 α 系数分析,分析结果如表 7-3 所示。可见,各外因潜变量、内因潜变量的 α 值均超过了 0.7,且绝大多数超过了 0.8,说明各因子变量相关性较好,内部一致性较高,量表的调查结果是可靠的。

表 7 - 3　描述性统计与信度检验

量表	量表构成	题项	均值	标准差	α
监督主体调查问卷	监督主体对环境治理的奖惩力度（RPPC）	RPPC1	2.38	0.69	0.844
		RPPC2	2.27	0.68	
		RPPC3	2.22	0.68	
		RPPC4	2.31	0.73	
	企业利润对规制主体效用的影响（IPU）	IPU1	4.17	0.69	0.839
		IPU2	4.12	0.64	
		IPU3	4.14	0.65	
	规制主体间竞争程度（CLG）	CLG1	3.17	0.56	0.836
		CLG2	3.15	0.58	
		CLG3	3.14	0.57	
规制主体调查问卷	环境规制成本（CRI）	CRI1	4.38	0.63	0.755
		CRI2	4.52	0.58	
		CRI3	4.30	0.64	
	环境规制政策标准（PSER）	PSER1	3.83	0.86	0.909
		PSER2	3.67	0.89	
		PSER3	3.71	0.86	
企业调查问卷	命令控制型环境规制实施强度（CAC）	CAC1	2.56	0.59	0.842
		CAC2	2.55	0.88	
		CAC3	2.31	0.69	
		CAC4	2.47	0.72	
	激励型环境规制实施强度（MBI）	MBI1	2.74	0.78	0.805
		MBI2	2.80	0.76	
		MBI3	2.53	0.65	
		MBI4	2.68	0.63	

7.2.4　效度检验

效度是指测量数据的有效性，即测量工具能准确测出所要测量特征的程度，可分为内容效度、准则效度和建构效度。

内容效度反映了测量工具是否涵盖所要测量观念的程度，即量表能够表达研究主题的程度与准确度。准则效度是指量表所得到的数据与其他被选择变量的数值相比是否有意义。本书的问卷设计是以文献研究和理论研究为基础,且参考相关研究的量表设计,经过汇总、分类和修改,并对问卷内容和题意进行了反复推敲,最终形成问卷。因此,本书的问卷设计能够较为完整地反映测量项目所要表达的内容,已符合相当程度的内容效度和准则效度。

建构效度是指测量结果体现出来的某种结构与测量值之间的对应程度。本书采用收敛效度和区别效度来检验建构效度,通过对测量题项进行探索性因子分析,可以进行收敛效度和区别效度的检验。

在进行探索性因子分析之前,需要对样本进行 KMO(Kaiser-Meyer-Olkin)检验和 Bartlett 球体检验,以判断样本是否适合做因子分析。KMO 值的最低标准为 0.5,越接近 1 表明越适合做因子分析;Bartlett 球体检验值较大,且对应的相伴概率值小于给定的显著性概率时,则可认为适合做因子分析[200]。本书采用 SPSS 17.0 进行 KMO 和 Bartlett 球体检验,样本数据的 KMO 检验及 Bartlett 球体检验结果如表 7-4 所示。

表 7-4 KMO 检验及 Bartlett 球体检验结果

量表	检验项目		结果
监督主体 调查问卷	KMO		0.653
	Bartlett 球形检验	近似卡方 Approx. Chi-Siquare	1028.626
		自由度 df	45
		显著性概率 Sig.	0.000
规制主体 调查问卷	KMO		0.822
	Bartlett 球形检验	近似卡方 Approx. Chi-Siquare	585.423
		自由度 df	15
		显著性概率 Sig.	0.000
企业调 查问卷	KMO		0.806
	Bartlett 球形检验	近似卡方 Approx. Chi-Siquare	940.953
		自由度 df	28
		显著性概率 Sig.	0.000

从表 7-4 可以看出,各量表的 KMO 值均大于 0.5,因此可以做因子分析;同时,各量表的 Bartlett 球体检验显著性概率小于 0.001,拒绝相关系数矩阵为单位矩阵的零假设,故也支持做因子分析。因此,本次监督主体调查问卷收集到的 10 个题项、规制主体调查问卷收集到的 6 个题项、企业调查问卷收集到的 8 个题项可以做进一步的探索性因子分析。

本书采用 SPSS 17.0 方差最大化正交旋转处理方法进行探索性因子分析,监督主体调查问卷的探索性因子分析结果如表 7-5 所示。3 个因子的特征值大于 1,其值分别为 3.533、2.596、1.482,它们总共解释了方差变异的 76.111%,超过了最低标准 50%。各测量题项在自身潜变量上的因子载荷都大于 0.5,说明问卷数据具有较好的收敛效度;各测量题项在其他潜变量上的因子载荷均小于 0.5,说明也具有较好的区别效度。因此,监督主体调查问卷的 10 个测量题项由 3 个因子组成:监督主体对环境治理的奖惩力度(RPPC)、企业利润对规制主体效用的影响(IPU)、规制主体间竞争程度(CLG)。

表 7-5 监督主体调查问卷的探索性因子分析结果

变量名称	题项	因子 1	因子 2	因子 3
监督主体对环境治理的奖惩力度(RPPC)	RPPC1	0.698	0.238	0.288
	RPPC2	0.795	0.339	0.099
	RPPC3	0.893	0.165	0.246
	RPPC4	0.774	0.264	0.199
企业利润对规制主体效用的影响(IPU)	IPU1	0.306	0.732	0.327
	IPU2	0.232	0.787	0.119
	IPU3	0.177	0.819	0.385
规制主体间竞争程度(CLG)	CLG1	0.303	0.278	0.621
	CLG2	0.218	0.401	0.881
	CLG3	0.212	0.320	0.843
特征值		3.533	2.596	1.482
方差解释量/%		35.333	25.955	14.823

规制主体调查问卷的探索性因子分析结果如表 7-6 所示,2 个因子的特征值大于 1,其值分别为 4.283、1.211,它们总共解释了方差变异的 72.366%,超过了最低标准 50%。各测量题项在自身潜变量上的因子载荷都大于 0.5,说明问卷数据具有较好的收敛效度;各测量题项在其他潜变量上的因子载荷均小于 0.5,说明也具有较好的区别效度。因此,规制主体调查问卷的 6 个测量题项由 2 个因子组成:环境规制成本(CRI)和环境规制政策标准(PSER)。

表 7-6　规制主体调查问卷的探索性因子分析结果

变量名称	测量题项	因子 1	因子 2
环境规制成本(CRI)	CRI1	0.783	0.222
	CRI2	0.687	0.387
	CRI3	0.732	0.249
环境规制政策标准(PSER)	PSER1	0.297	0.772
	PSER2	0.269	0.876
	PSER3	0.363	0.933
特征值		4.283	1.211
方差解释量/%		58.339	14.027

企业调查问卷的探索性因子分析结果如表 7-7 所示,2 个因子的特征值大于 1,其值分别为 4.452、1.612,它们总共解释了方差变异的 75.799%,超过了最低标准 50%。各测量题项在自身潜变量上的因子载荷都大于 0.5,说明问卷数据具有较好的收敛效度;各测量题项在其他潜变量上的因子载荷均小于 0.5,说明也具有较好的区别效度。因此,企业调查问卷的 8 个测量题项由 2 个因子组成:命令控制型环境规制实施强度(CAC)和激励型环境规制实施强度(MBI)。

表 7-7　企业调查问卷的探索性因子分析结果

变量名称	测量题项	因子 1	因子 2
命令控制型环境规制实施强度(CAC)	CAC1	0.842	0.195
	CAC2	0.776	0.238
	CAC3	0.811	0.232
	CAC4	0.912	0.023
激励型环境规制实施强度(MBI)	MBI1	0.257	0.876
	MBI2	0.030	0.688
	MBI3	0.413	0.660
	MBI4	0.197	0.747
特征值		4.452	1.612
方差解释量/%		55.653	20.146

7.3 结构方程建模分析

7.3.1 初始模型构建

本书采用 AMOS 21.0 软件来实现结构方程模型的构建和分析过程。在初始 SEM 路径图(见图 7-3)中,变量之间的关系用连线表示,连线既可以是单向箭头,也可以是双向箭头;单向箭头表示回归方向,箭头从外因潜变量指向内因潜变量;双向箭头表示两个变量之间具有相关关系(共变关系);从潜变量指向观测变量的单向箭头表示潜变量对观测变量的反映关系;椭圆或圆表示潜变量;矩形表示显变量(观测变量);误差或残差总是非观测的,因此用椭圆或圆表示。

图 7-3 中,采用 16 个外因显变量(RPPC1、RPPC2、RPPC3、RPPC4、IPU1、IPU2、IPU3、CLG1、CLG2、CLG3、CRI1、CRI2、CRI3、PSER1、PSER2、PSER3)对 5 个外因潜变量[监督主体对环境治理的奖惩力度(RPPC)、企业利润对规制主体

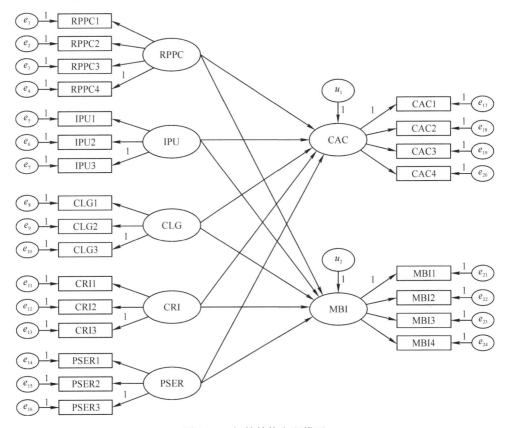

图 7-3 初始结构方程模型

效用的影响(IPU)、规制主体间竞争程度(CLG)、环境规制成本(CRI)、环境规制政策标准(PSER)]进行测量;采用 8 个内因显变量(CAC1、CAC2、CAC3、CAC4、MBI1、MBI2、MBI3、MBI4)对 2 个内因潜变量[命令控制型环境规制实施强度(CAC)和激励型环境规制实施强度(MBI)]进行测量。模型计算结果会产生误差,因此引入了 24 个显变量的误差变量($e_1 \sim e_{24}$)和 2 个潜变量的残差变量(u_1、u_2),误差和残差的默认路径系数为 1。另外,由于外因潜变量间没有因果关系,且彼此独立没有相关,按照 SEM 的构建规则,在外因潜变量 RPPC、IPU、CLG、CRI、PSER两两之间,分别建立了 10 个相关关系,同时将相关关系设定为 0。为了使模型更加简洁清晰,初始模型隐去了外因潜变量之间的双向箭头。初始模型一共包含 10 条假设路径。

7.3.2　模型初步拟合与评价

对模型的评价涉及模型对数据的拟合程度,关于模型的总体拟合程度有许多测量指标和判别标准,本书选取的拟合指标、判别标准和模型运算结果分别如表 7 - 8和表 7 - 9 所示。

表 7 - 8　初始 SEM 拟合优度测量

指数	指数名称	测量模型	可接受标准	良好标准
$\chi^2/\mathrm{d}f$	卡方值与自由度的比值	2.715	<3	<2
GFI	拟合优度指数	0.863	>0.80	>0.90
AGFI	调整拟合优度指数	0.827	>0.80	>0.90
NFI	标准拟合指数	0.891	>0.80	>0.90
CFI	比较拟合指数	0.902	>0.80	>0.90
RFI	相对拟合指数	0.818	>0.80	>0.90
RMR	残差均方根	0.059	<0.08	<0.05
RMSEA	近似误差均方根	0.091	<0.08	<0.05

由表 7 - 8 可以看出,绝大多数拟合指数达到了可接受水平:$\chi^2/\mathrm{d}f$ 值为 2.715,小于标准值 3;GFI 值为 0.863,AGFI 值为 0.827,NFI 值为 0.891,CFI 值为 0.902,RFI 值为 0.818,均大于标准值 0.8;RMR 值为 0.059,小于标准值 0.08,说明初始模型的整体拟合效果可以接受。但是,RMSEA 值为 0.091,略大于可接受标准值 0.08,而且在达到可接受水平的拟合指数中,只有 CFI 值达到了良好水平,这表明初始模型尚有待改进的空间,可以使模型对数据的拟合效果进一步提高。

表 7 - 9　初始 SEM 路径参数估计结果

路径	标准化路径系数	路径系数	C. R.	P
CAC←RPPC	0.277	0.415	6.524	0.000
CAC←IPU	−0.230	−0.337	−2.057	0.040
CAC←CLG	−0.106	−0.162	−0.473	0.636
CAC←CRI	−0.191	−0.287	−3.830	0.000
CAC←PSER	−0.031	−0.029	−4.849	0.000
MBI←RPPC	0.360	0.429	7.063	0.000
MBI←IPU	−0.279	−0.324	−5.419	0.000
MBI←CLG	−0.096	−0.116	−2.280	0.023
MBI←CRI	−0.112	−0.134	−4.095	0.000
MBI←PSER	0.752	0.543	16.367	0.000

从表 7 - 9 可以看出,初始 SEM 运算结果所给出的变量之间路径系数,除了少数路径系数之外,大部分路径系数在 $P \leqslant 0.05$ 水平上具有统计显著性,未通过统计显著性检验的路径为:命令控制型环境规制实施强度←规制主体间竞争程度(CAC←CLG),$P = 0.636 > 0.05$,因此假设 H3 未通过检验。

7.3.3　模型调整与修正

初始 SEM 很少能够经过一次运算就成功拟合,除了样本数据存在偏差外,模型设计不合理是主要原因。通过对初始 SEM 进行局部的调整和修改,能够提高模型对数据的拟合效果。

本书将通过调整相关变量关系以及删除未通过统计检验的路径对初始 SEM 进行修正。假设初始模型为 M1,由表 7 - 10 可以看出,在初始模型的基础上,发现误差项 e_{11} 和 e_{12} 之间的修正指数最大(M. I. $= 17.872$),说明如果在两者之间建立共变关系,模型卡方值减少的差异量约为 17.872;e_{11} 和 e_{12} 都属于环境规制成本因子的误差项,因此可以建立共变关系,得到修正模型 M2。在此基础上,发现残差项 u_1 和 u_2 之间的修正指数也比较大(M. I. $= 14.920$),说明如果在两者之间建立共变关系,模型卡方值减少的差异量约为 14.920;u_1 和 u_2 虽然分属于不同的潜变量,但都属于环境规制实施强度的范畴,因此可以建立共变关系,得到修正模型 M3。将数据载入 M3,运算后发现,路径"命令控制型环境规制实施强度←规制主体间竞争程度(CAC←CLG),$P = 0.462 > 0.05$"依然没有通过统计显著性检验,于是删除该路径,得到模型 M4。

表 7 - 10　初始 SEM 修正指数

修正关系	M. I.	平均改变
$e_{11} \leftrightarrow e_{12}$	17.872	0.044
$u_1 \leftrightarrow u_2$	14.920	0.034

将数据载入 M4,运算后得到的结果如表 7 - 11 和 7 - 12 所示。表 7 - 11 的拟合结果表明,修正 SEM 的 χ^2/df 值为 2.304,比初始 SEM 略有降低;GFI 值、AGFI 值、NFI 值、CFI 值和 RFI 值与初始 SEM 相比都有所提高;RMSEA 值和RMR 值与初始 SEM 相比都有所降低,而且 RMSEA 值为 0.073,小于可接受标准值 0.08。可见,修正 SEM 的各项拟合指数均达到了可接受水平,同时,NFI 值、CFI值和 RMR 值还达到了良好水平,因此,修正 SEM 与初始 SEM 相比,在拟合度上有了较为明显的提高。

表 7 - 11　修正 SEM 拟合优度测量

指数	指数名称	测量模型	可接受标准	良好标准
χ^2/df	卡方值与自由度的比值	2.304	<3	<2
GFI	拟合优度指数	0.883	>0.80	>0.90
AGFI	调整拟合优度指标	0.861	>0.80	>0.90
NFI	标准拟合指数	0.905	>0.80	>0.90
CFI	比较拟合指数	0.911	>0.80	>0.90
RFI	相对拟合指数	0.844	>0.80	>0.90
RMR	残差均方根	0.048	<0.08	<0.05
RMSEA	近似误差均方根	0.073	<0.08	<0.05

表 7 - 12 显示了修正 SEM 的路径参数估计结果,修正后的 SEM 的所有路径系数在 $P \leqslant 0.05$ 的水平上都具有统计显著性,因此样本数据总体上支持提出的理论模型。

表 7 - 12　修正 SEM 路径参数估计结果

路径	标准化路径系数	路径系数	C. R.	P
CAC←RPPC	0.253	0.383	5.977	0.000
CAC←IPU	−0.222	−0.327	−2.195	0.036
CAC←CRI	−0.219	−0.318	−3.481	0.000
CAC←PSER	−0.018	−0.017	−3.976	0.000
MBI←RPPC	0.338	0.399	6.630	0.000
MBI←IPU	−0.292	−0.334	−5.288	0.000
MBI←CLG	−0.074	−0.088	−2.360	0.018
MBI←CRI	−0.127	−0.146	−3.661	0.000
MBI←PSER	0.767	0.550	16.170	0.000

7.3.4 模型确定

调整和修正后的 SEM 符合各项判定标准,最终确定的 SEM 路径如图 7 - 4 所示。

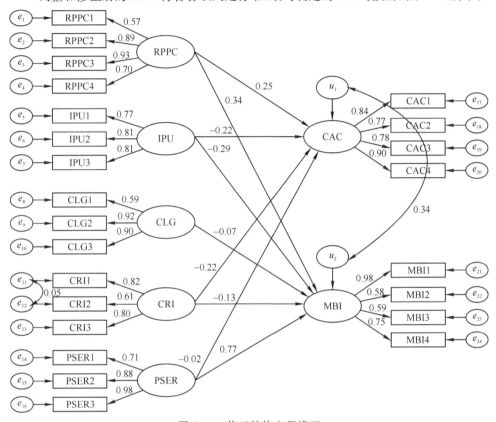

图 7 - 4 修正结构方程模型

表 7 - 13 列示了最终确定的 SEM 中测量模型的标准载荷系数和载荷系数,在 $P \leqslant 0.001$ 的水平上标准载荷系数和载荷系数具有统计显著性,而且各标准载荷系数均高于参考值 0.5。

表 7 - 13 测量模型的参数估计和检验结果

变量	标准载荷系数	载荷系数	C.R.	P
RPPC				
RPPC4	0.703	1.000	—	—
RPPC3	0.926	1.220	11.157	0.000
RPPC2	0.890	1.159	10.843	0.000
RPPC1	0.574	0.748	6.973	0.000

变量	标准载荷系数	载荷系数	C.R.	P
IPU				
IPU3	0.813	1.000	—	—
IPU2	0.810	0.975	10.148	0.000
IPU1	0.771	1.009	9.732	0.000
CLG				
CLG3	0.895	1.000	—	—
CLG2	0.919	1.062	11.799	0.000
CLG1	0.585	0.639	8.103	0.000
CRI				
CRI3	0.804	1.000	—	—
CRI2	0.615	0.685	3.157	0.002
CRI1	0.819	0.987	3.318	0.000
PSER				
PSER3	0.983	1.000	—	—
PSER2	0.885	0.960	21.288	0.000
PSER1	0.712	0.756	12.779	0.000
CAC				
CAC1	0.836	1.000	—	—
CAC2	0.773	0.858	12.178	0.000
CAC3	0.781	0.676	9.479	0.000
CAC4	0.899	0.864	13.955	0.000
MBI				
MBI1	0.977	1.000	—	—
MBI2	0.575	0.662	8.978	0.000
MBI3	0.593	0.581	7.770	0.000
MBI4	0.753	0.688	8.677	0.000

7.4　结果讨论

结构方程模型的实证分析结果基本验证了环境规制实施影响因素概念模型，检验结果如表 7 - 14 所示，进一步的说明如下：

（1）监督主体对环境治理的奖惩力度（RPPC）对命令控制型环境规制实施强度（CAC）具有显著的正向影响，路径系数为 0.253，样本数据支持监督主体对环境治理的奖惩力度对命令控制型环境规制实施强度影响路径的假设。

（2）企业利润对规制主体效用的影响（IPU）对命令控制型环境规制实施强度（CAC）具有显著的负向影响，路径系数为 -0.222，样本数据支持企业利润对规制主体效用的影响对命令控制型环境规制实施强度影响路径的假设。

（3）规制主体间竞争程度（CLG）对命令控制型环境规制实施强度（CAC）不存在显著的负向影响，样本数据不支持规制主体间竞争程度对命令控制型环境规制实施强度影响路径的假设。

（4）环境规制成本（CRI）对命令控制型环境规制实施强度（CAC）具有显著的负向影响，路径系数为 -0.219，样本数据支持环境规制成本对命令控制型环境规制实施强度影响路径的假设。

（5）环境规制政策标准（PSER）对命令控制型环境规制实施强度（CAC）具有显著的负向影响，路径系数为 -0.018，样本数据支持环境规制政策标准对命令控制型环境规制实施强度影响路径的假设。

（6）监督主体对环境治理的奖惩力度（RPPC）对激励型环境规制实施强度（MBI）具有显著的正向影响，路径系数为 0.338，样本数据支持监督主体对环境治理的奖惩力度对激励型环境规制实施强度影响路径的假设。

（7）企业利润对规制主体效用的影响（IPU）对激励型环境规制实施强度（MBI）具有显著的负向影响，路径系数为 -0.292，样本数据支持企业利润对规制主体效用的影响对激励型环境规制实施强度影响路径的假设。

（8）规制主体间竞争程度（CLG）对激励型环境规制实施强度（MBI）具有显著的负向影响，路径系数为 -0.074，样本数据支持规制主体间竞争程度对激励型环境规制实施强度影响路径的假设。

（9）环境规制成本（CRI）对激励型环境规制实施强度（MBI）具有显著的负向影响，路径系数为 -0.127，样本数据支持环境规制成本对激励型环境规制实施强度影响路径的假设。

（10）环境规制政策标准（PSER）对激励型环境规制实施强度（MBI）具有显著的正向影响，路径系数为 0.767，样本数据支持环境规制政策标准对激励型环境规制实施强度影响路径的假设。

表 7 - 14 研究假设的验证结果

假设	内容	检验结果
H1	监督主体对环境治理的奖惩力度(RPPC)对命令控制型环境规制实施强度(CAC)具有显著的正向影响	支持
H2	企业利润对规制主体效用的影响(IPU)对命令控制型环境规制实施强度(CAC)具有显著的负向影响	支持
H3	规制主体间竞争程度(CLG)对命令控制型环境规制实施强度(CAC)具有显著的负向影响	不支持
H4	环境规制成本(CRI)对命令控制型环境规制实施强度(CAC)具有显著的负向影响	支持
H5	环境规制政策标准(PSER)对命令控制型环境规制实施强度(CAC)具有显著的正向(或负向)影响	支持
H6	监督主体对环境治理的奖惩力度(RPPC)对激励型环境规制实施强度(MBI)具有显著的正向影响	支持
H7	企业利润对规制主体效用的影响(IPU)对激励型环境规制实施强度(MBI)具有显著的负向影响	支持
H8	规制主体间竞争程度(CLG)对激励型环境规制实施强度(MBI)具有显著的负向影响	支持
H9	环境规制成本(CRI)对激励型环境规制实施强度(MBI)具有显著的负向影响	支持
H10	环境规制政策标准(PSER)对激励型环境规制实施强度(MBI)具有显著的正向(或负向)影响	支持

实证结果验证了理论分析的大部分结论,加大监督主体对环境治理的奖惩力度,能够促使规制主体积极提高环境规制实施强度,而且对激励型环境规制实施强度的影响程度要略大于对命令控制型环境规制实施强度的影响程度。可能的原因在于,当监督主体对环境治理的奖惩力度增大时,激励型规制工具往往能够比命令控制型规制工具获得更多的直接收益(排污收费)。以往很多研究都从理论和实证的角度阐述了规制主体竞争对规制主体环保行为的不利影响,从实证结果来看,规制主体竞争对命令控制型环境规制实施强度的负向影响并不明显,而对激励型环境规制实施强度却有着显著的负向影响。可能的原因在于,与命令控制型规制工具相比,激励型规制工具在操作上更为灵活和隐蔽,还能起到类似于长期税收减免的效果,因此便受到了规制主体在竞争过程中的更大青睐。环境规制政策标准确实会显著影响规制主体的环境规制实施强度,但是会由于规制工具的差异而对规

制强度产生不同的影响。可能的原因在于,当决策主体颁布环境规制政策、提高环保标准时,如果规制主体提高激励型环境规制实施强度,尤其是针对排污量较大的企业,能够使规制主体获得的直接收益增加,由此便促使了规制主体提高规制实施强度;而如果规制主体提高命令控制型环境规制实施强度,不但不会增加规制主体的直接收益,还有可能因为限制了企业生产而阻碍了经济发展、降低了自身收益,由此便促使了规制主体降低规制实施强度。另外,环境规制成本对规制强度的影响也得到了证实,规制成本的上升对命令控制型和激励型环境规制实施强度都造成了负向影响。

7.5　本章小结

本章构建了环境规制实施影响因素的概念模型,提出了 10 个研究假设,设计了变量的测量题项并形成了调查问卷。本研究针对不同的受访者,开展了调查研究并收集到了用于分析的数据。在对问卷数据进行信度和效度分析后,运用结构方程模型实证研究了各种影响因素对环境规制实施的影响。结果发现,环境规制成本的上升对命令控制型和激励型环境规制实施强度都产生了负向影响。加大监督主体对环境治理的奖惩力度,能够促使规制主体提高环境规制实施强度。企业利润对规制主体效用的影响越大,规制主体对环境规制实施强度的降低幅度就越大。规制主体竞争对命令控制型环境规制实施强度并没有显著的影响,而对激励型环境规制实施强度有着显著的负向影响。提高环境规制政策标准,会促使规制主体提高激励型环境规制实施强度,但却会降低命令控制型环境规制实施强度。

第四篇

应用研究篇

各类污染物排放量已超过自身的环境容量极限,如果不加大治理和控制力度,将严重影响社会经济的可持续发展。很多学者强调,为了解决环境污染问题,应尽快完善环境法律、法规和相关政策,但是环境治理的效果不仅取决于环境规制政策标准制定的科学性,更取决于环境规制实施的严格程度。进一步讲,环境法律、法规和政策并非紧缺,缺乏的是良好的贯彻和严格的执行。规范和约束规制主体的环境规制行为,提高环境规制实施强度,使环境规制政策标准得以有效落实,是提高环境治理效果、解决环境污染问题的关键途径。

8.1 环境规制实施管理对策

8.1.1 完善财税体系制度

在现行的财税体制下,财政收入主要来源于企业的生产利润,在日常的行政管理中,规制主体也承担着各项指标任务、社会管理以及公共服务等支出责任。因此,无论是基于财政收入还是财政支出的考虑,企业利润都在显著影响着规制主体效用,规制主体具有强烈的动机去维护企业利润,支持企业的生产和发展,推动经济增长。通过前文的环境规制均衡分析以及环境规制策略分析,我们发现,企业利润对规制主体效用的影响系数越大,规制主体就越倾向于降低环境规制实施强度。那么,完善财税体系(收入和支出)制度以降低企业利润对规制主体效用的影响,将成为提高环境规制实施强度的有效手段。

分税制改革以后,财政收入向上集中的财税体制可以降低财政收入的留成比例,从而有利于减小企业利润对规制主体经济收益的影响。但是,支出责任划分并未显著改变,支出责任逐级下沉。较大的支出责任仍然使规制主体十分重视对财政收入来源的维护和支持,因此企业利润仍然显著影响着规制主体效用及其环境规制行为。为了提高规制主体的环境规制实施强度,在财政收入方面,应在分税制改革的基础上进一步适度集中财权,调整并细化税种分配,以此减小企业利润对规制主体的直接影响,减轻规制主体对污染企业的依赖。由于环境保护具有显著的正外部性,所以规制主体应承担相应的支出责任。对于影响生态环境的全局性问题,支出责任主要由上级部门承担;对于局部污染,支出责任主要由下级部门承担。

在财政支出方面,应该同时将事权向上集中,适度降低规制主体支出责任,尤其是环保投入的支出责任,使财力与环境职能相匹配。在将环保支出责任向上集中的基础上,以财权与事权统一为原则,固定化和规范化各级规制主体的环保支出责任,规定环保支出在财政支出中应该达到的最低比重。这样一方面可以避免经济性项目资源投入对环保资源投入的挤占,缓解环保支出的财政压力;另一方面也可以降低规制主体对财政收入的重视度,从而降低企业利润对规制主体效用的影响。

另外,为了降低环境规制成本,在财政支出上,可以通过转移支付,或者环保专项资金、配套资金等专款专用的方式拨付给下级环境规制机构,用以添置环保监察工作设备,配备专业人才,从而提高规制能力。尤其是针对污染密集型、能源密集型产业的比重较高、减排压力较大的情形,环境规制成本较大,可以加大转移支付力度,定向激励规制主体的环境规制行为。

8.1.2 完善环境规制体制

环境规制机构难以摆脱经费依赖问题,从而造成环境规制机构受到制约,如果经济发展与环境规制存在冲突,环境规制则会被迫放松。因此,完善环境规制体制,关键是要加强环境规制机构的独立性和权威性,提高环境规制机构的地位,明确环境规制机构的权利以及应承担的责任和义务。首先,应切断其他相关主体和部门对环境规制机构的影响和控制,保持环境规制机构在组织上和经费上的独立性。环境规制机构的编制可以由上级部门统一核定,实行垂直化管理,加强上级环境规制机构对下级机构的业务监督管理,扩大上级机构在下级机构权责方面的话语权,甚至考虑将环境规制机构设置为直接派出机构,防止规制机构在执法过程中受到干扰。其次,通过技能培训提高规制人员的业务能力,使其能够高效、权威地执行环境规制政策标准。尽量消除规制人员受到双重领导的现象,从而提高环境规制执行力。最后,在规制工具选择上,积极开发基于市场激励的环境规制工具,根据经济发展水平和企业生产的具体情况,发放一定数量的可交易排污许可证,通过市场调节和价格监管形成排污许可证的均衡价格,企业可以自主买入或卖出排污权,从而削弱规制主体对环境规制实施强度的影响。

8.1.3 优化考核机制与监督、惩罚机制并行

鉴于规制主体的行为惯性和路径依赖,修正和优化考核机制,是引导规制主体重视污染治理的重要途径。前文的环境规制均衡分析以及环境规制策略分析发现,提高考核体系中经济指标的权重系数会使规制主体降低环境规制实施强度。因此,适当下调经济指标权重系数,将有利于促进环境规制的严格施行。近年来,政府多次表达了"不能简单以 GDP 论英雄"的倾向,足以说明该问题已得到正视,正在为打破"考核的唯 GDP 论"进行着有益的探索。

在考核体系的环境指标方面,以往很多研究指出,为了有效治理环境污染,应该增加环境绩效在考核中的权重。本书同样证实了上述观点:应将污染排放增加量、污染排放削减量等环境指标纳入考核体系,并适当提高考核体系中环境指标的权重系数,对环境质量变化情况进行重点考核,对于认真贯彻和执行环境规制的规制主体给予奖励。与以往研究的不同之处在于:首先,考虑到环境质量的变动不仅与环境规制政策有关,还与经济增长、技术进步、产业结构变化等许多其他因素相关,因此应设计一套能够准确衡量环境规制实施强度的指标体系,比如"三同时"完成比率、排污收费额、查处环境违规的次数以及违规罚款额等,从而更有针对性、高效地激励规制主体的环境规制行为。其次,在影响途径上,环境指标的权重系数并不是通过规制主体与企业的博弈,而是通过规制主体与监督主体、规制主体与规制主体的博弈影响环境规制实施。这说明,如果对环境指标的权重系数做出调整,规制主体将根据监督主体与规制主体的策略行为调整自身策略。因此,如果在提高环境指标权重系数的同时,强化监督主体对环境规制实施的监督、监察和处罚,或者辅以其他政策措施降低规制主体间的竞争,将更有利于规制主体提高环境规制实施强度。同理,环境规制均衡分析表明,对企业实施治污补贴能够提高规制主体的环境规制实施强度,但是规制主体的环境规制策略分析进一步揭示出,降低企业治污成本(治污补贴)并不是通过规制主体与企业的博弈,而是通过规制主体与监督主体、规制主体与规制主体的博弈影响规制主体的环境规制实施,因此当增加企业的治污补贴额度,或者企业通过污染削减技术创新降低治污成本时,也要强化对规制主体的监督、监察和处罚,或者辅以其他政策措施降低规制主体间的竞争程度。最后,在监督方面,可以建立包括新闻媒体、环保组织和社会公众在内的环境监督体系,拓宽环境规制信息的反馈渠道;在处罚方面,严格落实对环境规制执法不力的规制主体责任追究,对环境质量改善目标未完成的规制主体实行否决,加大对规制主体不执行环境规制、纵容企业污染等行为的处罚力度。

8.1.4　科学制定环境规制政策标准与制度建设并行

根据经济社会发展状况,以体现公众意愿为立法意图,以达到合意的环境质量水平为立法目标,制定环境规制标准和政策法规。以往一些研究认为,要解决环境污染问题,应该提高环境规制政策标准。但是这却忽视了环境规制的执行端:规则和标准的实现,需要高效执行的有力保障,否则制定再完美的环境规制政策标准也是一纸空文。根据环境规制均衡的分析结果,当决策主体为了应对环境污染问题而提高环境规制政策标准时,比如提高排污费费率、提高超标排污罚款费率,或者下调污染物标准排放量、提高治污技术标准、提高生产技术标准、完善环境政策法规等,如果不辅以政策建设对规制主体的目标函数进行调节,或者采取其他措施降低环境规制政策标准对企业利润造成的负面影响,规制主体的环境规制实施强度将有可能下降,从而导致环境规制政策标准无法有效落实。因此,当决策主体提高环境规制政策标准时,应辅以相应的制度建设和政策措施,以确保环境政策的顺利贯彻。具体而言,在提高环境规制政策标准时,应相应提高考核体系中环境指标的权重系数,降低经济指标的权重系数,通过财税制度改革降低企业利润对规制主体效用的影响,或者提高企业的治污补贴额度等。

8.1.5 污染削减技术创新与提高环境指标权重并行

基于环境规制均衡分析可知,以增加污染物削减量为特征的污染削减技术创新会在不同条件下对规制主体的环境规制实施产生不同的影响,有可能提高环境规制实施强度,也有可能降低环境规制实施强度。基于规制主体的环境规制策略分析,我们进一步发现,如果借助污染削减技术创新增加了企业的污染物削减量,那么在规制主体与企业的博弈中将不利于规制主体选择严格规制。但是,在规制主体与监督主体博弈以及规制主体之间的博弈中,污染削减技术创新(污染物削减量增加)对环境规制实施的影响取决于考核体系中环境指标的权重系数。当环境指标的权重系数大于临界值时,污染削减技术创新(污染物削减量增加)会促进环境规制的严格施行;当环境指标的权重系数小于临界值时,污染削减技术创新(污染物削减量增加)会降低环境规制实施强度。因此我们提出,当制定或实施政策鼓励企业进行以增加污染物削减量为特征的污染削减技术创新时,应同时提高考核体系中环境指标的权重系数,从而降低污染削减技术创新对环境规制的负面影响,确保环境规制的高效执行。另外,应强化对企业污染削减技术和污染削减量的核准和测量,并且根据测量结果及时调整考核体系中环境指标的权重系数。

8.1.6 规范规制主体间竞争与健全生态补偿机制

规制主体间的良性竞争不但可以促进经济发展、提高资源配置效率,还能够通过"标尺效应"提升辖区居民的福利水平。但是不规范的恶性竞争,将会造成资源配置不合理,并带来包括环境质量下降在内的诸多社会成本。在招商引资过程中,除了减免税收等优惠政策以外,降低环境规制标准成了规制主体的另一可能手段。规制主体的环境规制策略分析表明,规制主体间的竞争程度越激烈,表现为严格规制所承担的排位下降成本越大,规制主体越倾向于降低环境规制实施强度。因此,应监督、规范竞争行为,调整与规制主体目标函数有关的政策安排,降低或者避免以牺牲环境为代价的争夺要素行为。例如,在FDI的引进政策上,可以建立统一的FDI环境规制标准,进而将与流动性要素有关的环境规制政策标准固定化,减少规制主体在环境规制上的自由裁量权;也可以在规制主体的竞争中,增加环境质量考核的比重,以此降低严格规制所承担的排位下降成本。

在规制主体的环境规制策略分析中,根据降低规制主体之间的外部效应影响系数会促使规制主体严格实施环境规制的研究结论,可以在生态职能区划分的基础上,确定利益相关方,建立规制主体之间的横向生态补偿(转移支付)机制,并规范生态补偿体系。生态补偿是根据生态系统服务价值、环境保护成本与发展机会成本,运用行政和市场手段协调环保相关方利益关系的环境政策。同时,与"谁污染、谁付费"原则相对应,建立"谁治理,谁受益"原则。在上游治污,下游受益的情形中,将受益方(下游地区)上交的转移支付转移给受损方(上游地区),作为区域补偿金和跨界污染治理的专项资金。如果受益方对受损方有直接的经济补偿或者在环保方面有支持,可以扣减这部分转移支付。而在上风向地区排污,下风向地区受害的情形中,则应将受益方(上风向地区)上交的转移支付转移给受损方(下风向地区),作为区域补偿金和跨界污染治理的专项资金。如果受益方对受损方有直接的经济补偿或者在环保方面有支持,可以扣减这部分转移支付。根据污染物的种类和污染严重程度,核算出受益或受损地区经济总量的一定比例,由此确定区域补偿金,并由利益相关地区以及相关部门组成的区域环保委员会共同管理。在这方面,国外的相关经验研究已经证明,以横向转移支付来协调相邻地区间的环保利益冲突是十分有效的。

8.2　环境规制实施激励机制设计

根据前文的理论和实证分析,降低考核体系中经济指标的权重系数、提高考核体系中环境指标的权重系数,可以促使规制主体提高环境规制实施强度。但是在现实中,考虑到环境规制对经济发展造成的负面影响,不可能一味地降低经济指标权重或提高环境指标权重。因此,应根据自身对经济发展和环境保护的重视程度,协调经济发展与环境保护之间的关系,并通过考核体系合理设计激励机制,从而提高整个社会福利水平。

8.2.1　管理体制的多任务特征

委托-代理理论重点研究设计一种激励机制以降低道德风险,使代理人在追求个人效用的同时实现委托人预期效用的最大化。该理论最初用于研究企业内部的信息不对称和激励问题,而后又被扩展到政策领域。传统的委托-代理模型假设代理人只从事单一的工作,而且代理人的努力选择也是一维的[201]。但在实际情况中,代理人从事的工作通常不止一项,同一代理人在不同工作之间分配的精力也是有冲突的。为了解决理论模型与现实情况的差异,Holmstrom 等于 1991 年在原来线性委托-代理模型的基础上提出了多任务委托-代理模型[202]。与传统的委托-代理模型相比,多任务委托-代理模型假设代理人从事多项任务,改善了模型的自由度,也增强了对现实的解释力。

规制主体与监督主体之间符合委托-代理关系的三要素:信息不对称、契约关系和利益相容与冲突。首先,在环境规制过程中,对于辖区环境状况,规制主体相对于监督主体拥有更多的信息。其次,监督主体和规制主体之间存在明显的契约关系。最后,规制主体和监督主体在发展经济上具有利益相容性,在环境治理上具有一定的冲突性。随着财税体系的不断完善,管理权限逐渐向规制主体倾斜,监督主体委托规制主体对多项事务进行管理(如经济发展、环境治理、医疗卫生、维护社会秩序、教育、公共品等);通过考核机制,监督主体对规制主体的行为决策施加了激励和约束,从而促使其贯彻政策和意图,由此便形成了多任务委托-代理关系[203]。

8.2.2　多任务委托-代理模型的基本假设

假设 1:假设监督主体委托规制主体从事两项工作任务,即经济发展和环境规制。规制主体在经济发展上的努力水平为 e_1,$e_1 > 0$;在环境规制上的努力水平为 e_2,具体表现为环境规制实施强度,$e_2 > 0$。监督主体不能观测到规制主体在两项工作任务上的努力水平,但可以观测到由规制主体努力水平决定的两项工作任务的产出。产出函数取线性形式,分别表示为经济增长 π_1,$\pi_1 = e_1 + \varepsilon_1$;污染减排量 π_2,$\pi_2 = e_2 + \varepsilon_2$。其中,$\varepsilon_1$、$\varepsilon_2$ 为服从正态分布、均值为 0、方差分别为 σ_1^2 和 σ_2^2 的随机变量,且相互独立。其含义在于,经济增长和污染减排量不仅取决于规制主体在两项任务上的努力程度,而且还会受到外部随机因素的影响。

假设 2:根据规制主体的考核机制,监督主体采用线性激励函数方式支付报酬,即规制主体获得的收益表示为 $R(\pi_1, \pi_2) = a + \delta_E \pi_1 + \delta_P \pi_2$,其中,$R$ 可以理解为规制主体的经济收益和行政收益,a 为规制主体的固定收益,δ_E、δ_P 分别为考核体系中经济指标和环境指标的权重系数,$0 < \delta_E < 1, 0 < \delta_P < 1$。

假设 3:规制主体的努力成本 $C(e_1, e_2)$ 是严格递增的凸函数,有一阶连续偏导数,二阶可微。将成本函数设为 $C(e_1, e_2) = \dfrac{r_1}{2} e_1^2 + \dfrac{r_2}{2} e_2^2 + r_{12} e_1 e_2$。其中,成本系数 $r_1 = \dfrac{\partial^2 C(e_1, e_2)}{\partial e_1^2} > 0$,$r_1$ 为经济发展努力成本的边际变化率。r_1 对环境规制实施强度成本不构成影响,可以将 r_1 理解为规制主体的经济发展能力,包括与经济发展相关的地理条件、基础设施条件或资源禀赋等属性。r_1 越大,单位经济发展努力增加所带来的边际经济发展努力成本越大,意味着规制主体的经济发展能力越低。成本系数 $r_2 = \dfrac{\partial^2 C(e_1, e_2)}{\partial e_2^2} > 0$,$r_2$ 为环境规制实施强度成本的边际变化率。r_2 对经济发展努力成本不构成影响,可以将 r_2 理解为非经济影响的环境规制实施成本。r_2 越大,单位环境规制实施强度增加所带来的边际环境规制实施成本越大,意味着规制主体的环境规制实施成本越大。成本系数 $r_{12} = \dfrac{\partial^2 C(e_1, e_2)}{\partial e_1 \partial e_2} > 0$，$r_{12}$ 表示不同任务间的可替代程度。增加环境规制实施强度会提高规制主体辖区内企业的成本，降低企业利润，从而增大经济发展的阻力和难度。对于规制主体而言，表现为边际经济发展努力成本随着环境规制实施强度的增加而增加，即 $\dfrac{\partial^2 C(e_1, e_2)}{\partial e_1 \partial e_2} > 0$。$r_{12}$ 刻画了环境规制对经济发展的负面影响，可以将 r_{12} 理解为环境规制经济成本，比如实施环境规制而使企业受到的利润损失（排污费缴纳，安装、运行治污设备的成本投入，转变生产方式的成本投入，企业竞争力下降导致的收益损失等）。r_{12} 越大，单位环境规制实施强度增加所带来的边际经济发展努力成本越大，意味着规制主体的环境规制经济成本越大。

假设 4：监督主体的收益取决于规制主体两项工作任务的产出以及监督主体对产出的重视度，即 $Y_C = \beta_1 \pi_1 + \beta_2 \pi_2$，下标 C 表示监督主体（central government），β_1 为监督主体对经济增长的重视度，β_1 越大表明监督主体对经济增长越重视；β_2 为监督主体对环境质量的重视度，β_2 越大表明监督主体对环境质量越重视。监督主体不可能完全忽视两项任务中的任何一项，因此有 $\beta_1 > 0, \beta_2 > 0$。

假设 5：监督主体是风险中性的，其效用函数表示为 U_C；规制主体是风险规避的，其效用函数具有不变的绝对风险规避特征，表示为 $u = -e^{-\rho R}$。其中，ρ 为规制主体的绝对风险规避度，$\rho > 0$，ρ 越大说明规制主体越害怕风险。

8.2.3　多任务委托-代理模型的建立与优化

根据监督主体的风险中性特征，其期望效用 U_C 等于期望收益，即

$$
\begin{aligned}
E(U_C) = E(Y_C - R) &= E(\beta_1 \pi_1 + \beta_2 \pi_2 - a - \delta_E \pi_1 - \delta_P \pi_2) \\
&= \beta_1 e_1 + \beta_2 e_2 - a - \delta_E e_1 - \delta_P e_2
\end{aligned} \tag{8-1}
$$

根据 Arrow 的结论[204]，规制主体的风险成本可以表示为 $\dfrac{1}{2} \rho \mathrm{var}(R) = \dfrac{1}{2} \rho \sigma_1^2 \delta_E^2 + \dfrac{1}{2} \rho \sigma_2^2 \delta_P^2$。规制主体的确定性等价收益 CE（certainty equivalence）等于规制主体的期望收益减去努力成本和风险成本，即

$$
\begin{aligned}
\mathrm{CE} &= E(R) - C(e_1, e_2) - \frac{1}{2} \rho \mathrm{var}(R) \\
&= a + \delta_E e_1 + \delta_P e_2 - \frac{r_1}{2} e_1^2 - \frac{r_2}{2} e_2^2 - r_{12} e_1 e_2 - \frac{1}{2} \rho \sigma_1^2 \delta_E^2 - \frac{1}{2} \rho \sigma_2^2 \delta_P^2
\end{aligned} \tag{8-2}
$$

监督主体在追求期望效用最大化的过程中，主要面临的约束条件包括：个人理性约束（individual rationality，IR），即规制主体的确定性等价收益不小于其保留收益水平 $\hat{Y}_L$［下标 L 表示规制主体（local government）］，否则规制主体将不接受

合约；激励相容约束(incentive compatibility，IC)，即规制主体将选择最优努力水平 e_1^*、e_2^* 最大化自己的确定性等价收益。因此，激励合约的优化设计模型为

$$\max E(U_C) = \beta_1 e_1 + \beta_2 e_2 - a - \delta_E e_1 - \delta_P e_2$$

s. t.　(IR) $a + \delta_E e_1 + \delta_P e_2 - \dfrac{r_1}{2}e_1^2 - \dfrac{r_2}{2}e_2^2 - r_{12}e_1 e_2 - \dfrac{1}{2}\rho\sigma_1^2\delta_E^2 - \dfrac{1}{2}\rho\sigma_2^2\delta_P^2 \geqslant \hat{Y}_L$

(IC) $(e_1, e_2) \in \arg\max a + \delta_E e_1 + \delta_P e_2 - \dfrac{r_1}{2}e_1^2 - \dfrac{r_2}{2}e_2^2 - r_{12}e_1 e_2 -$

$$\dfrac{1}{2}\rho\sigma_1^2\delta_E^2 - \dfrac{1}{2}\rho\sigma_2^2\delta_P^2$$

根据激励相容约束(IC)的一阶条件

$$\begin{cases} \dfrac{\partial CE}{\partial e_1} = \delta_E - r_1 e_1 - r_{12} e_2 = 0 \\ \dfrac{\partial CE}{\partial e_2} = \delta_P - r_2 e_2 - r_{12} e_1 = 0 \end{cases}$$

可以得到规制主体在经济发展上的最优努力水平和最优环境规制实施强度为

$$\begin{cases} e_1^* = \dfrac{r_{12}\delta_P - r_2\delta_E}{r_{12}^2 - r_1 r_2} \\ e_2^* = \dfrac{r_{12}\delta_E - r_1\delta_P}{r_{12}^2 - r_1 r_2} \end{cases} \qquad (8-3)$$

规制主体的固定报酬不会影响其努力水平和考核指标权重系数，根据个人理性约束(IR)，固定报酬由保留收益水平决定，即

$$a = \hat{Y}_L - \delta_E e_1 - \delta_P e_2 + \dfrac{r_1}{2}e_1^2 + \dfrac{r_2}{2}e_2^2 + r_{12}e_1 e_2 + \dfrac{1}{2}\rho\sigma_1^2\delta_E^2 + \dfrac{1}{2}\rho\sigma_2^2\delta_P^2 \quad (8-4)$$

将式(8-3)及式(8-4)代入式(8-1)，可得

$$E(U_C) = \beta_1 e_1^* + \beta_2 e_2^* - \hat{Y}_L - \dfrac{r_1}{2}(e_1^*)^2 - \dfrac{r_2}{2}(e_2^*)^2 - r_{12}e_1^* e_2^* -$$

$$\dfrac{1}{2}\rho\sigma_1^2\delta_E^2 - \dfrac{1}{2}\rho\sigma_2^2\delta_P^2 \qquad (8-5)$$

监督主体追求期望效用最大化，根据式(8-5)的一阶条件

$$\begin{cases} \dfrac{\partial E(U_C)}{\partial \delta_E} = 0 \\ \dfrac{\partial E(U_C)}{\partial \delta_P} = 0 \end{cases}$$

通过求解 δ_E、δ_P 可以得到最优激励契约：

$$\begin{cases} \delta_E^* = \dfrac{(1 + \rho\sigma_2^2 r_2)\beta_1 - \rho\sigma_2^2 r_{12}\beta_2}{1 + \rho\sigma_1^2 r_1 + \rho\sigma_2^2 r_2 - \rho^2\sigma_1^2\sigma_2^2(r_{12}^2 - r_1 r_2)} \\ \delta_P^* = \dfrac{(1 + \rho\sigma_1^2 r_1)\beta_2 - \rho\sigma_1^2 r_{12}\beta_1}{1 + \rho\sigma_1^2 r_1 + \rho\sigma_2^2 r_2 - \rho^2\sigma_1^2\sigma_2^2(r_{12}^2 - r_1 r_2)} \end{cases} \qquad (8-6)$$

8.2.4　模型的结果分析与讨论

根据假设 3,成本函数 $C(e_1,e_2)$ 是严格递增的凸函数,因此该函数满足以下凸函数的充要条件[205]:

$$\frac{\partial^2 C(e_1,e_2)}{\partial e_1^2} \geqslant 0, \frac{\partial^2 C(e_1,e_2)}{\partial e_2^2} \geqslant 0, \frac{\partial^2 C(e_1,e_2)}{\partial e_1^2} \cdot \frac{\partial^2 C(e_1,e_2)}{\partial e_2^2} - \left[\frac{\partial^2 C(e_1,e_2)}{\partial e_1 \partial e_2}\right]^2 \geqslant 0$$

其中, $\frac{\partial^2 C(e_1,e_2)}{\partial e_1^2} = r_1$, $\frac{\partial^2 C(e_1,e_2)}{\partial e_2^2} = r_2$, $\frac{\partial^2 C(e_1,e_2)}{\partial e_1 \partial e_2} = r_{12}$,由此可知: $r_{12}^2 - r_1 r_2 \leqslant 0$。

式(8-6)中,由于 $r_{12}^2 - r_1 r_2 \leqslant 0$,所以有 $1 + \rho\sigma_1^2 r_1 + \rho\sigma_2^2 r_2 - \rho^2 \sigma_1^2 \sigma_2^2 (r_{12}^2 - r_1 r_2) > 0$;根据假设 2,激励契约 δ_E、δ_P 为正值,所以有 $(1 + \rho\sigma_1^2 r_1)\beta_2 - \rho\sigma_1^2 r_{12}\beta_1 > 0$, $(1 + \rho\sigma_2^2 r_2)\beta_1 - \rho\sigma_2^2 r_{12}\beta_2 > 0$。

由式(8-6)可知,最优经济指标权重系数和最优环境指标权重系数由参数 β_1、β_2、ρ、σ_1、σ_2、r_1、r_2、r_{12} 决定。以下分析在保持其他影响因素不变的情况下,单一环境规制相关因素变动对最优激励契约的影响。

在最优经济指标权重系数方面:

$$\frac{\partial \delta_E^*}{\partial \beta_1} = \frac{1 + \rho\sigma_2^2 r_2}{1 + \rho\sigma_1^2 r_1 + \rho\sigma_2^2 r_2 - \rho^2 \sigma_1^2 \sigma_2^2 (r_{12}^2 - r_1 r_2)} > 0 \qquad (8-7)$$

由式(8-7)可知,最优经济指标权重系数是 β_1 的递增函数,随着监督主体对经济增长重视度的提高,最优经济指标权重系数也会提高。

$$\frac{\partial \delta_E^*}{\partial \beta_2} = \frac{-\rho\sigma_2^2 r_{12}}{1 + \rho\sigma_1^2 r_1 + \rho\sigma_2^2 r_2 - \rho^2 \sigma_1^2 \sigma_2^2 (r_{12}^2 - r_1 r_2)} < 0 \qquad (8-8)$$

由式(8-8)可知,最优经济指标权重系数是 β_2 的递减函数,随着监督主体对环境质量重视度的提高,最优经济指标权重系数会逐渐降低。

$$\frac{\partial \delta_E^*}{\partial \rho} =$$

$$\frac{\sigma_1^2 [2\rho\sigma_2^2 (r_{12}^2 - r_1 r_2) + \rho^2 \sigma_2^4 r_2 (r_{12}^2 - r_1 r_2) - r_1]\beta_1 - \sigma_2^2 r_{12}[\rho^2 \sigma_1^2 \sigma_2^2 (r_{12}^2 - r_1 r_2) + 1]\beta_2}{[1 + \rho\sigma_1^2 r_1 + \rho\sigma_2^2 r_2 - \rho^2 \sigma_1^2 \sigma_2^2 (r_{12}^2 - r_1 r_2)]^2}$$

$$(8-9)$$

由式(8-9)可知,当 $\sigma_1^2 [2\rho\sigma_2^2 (r_{12}^2 - r_1 r_2) + \rho^2 \sigma_2^4 r_2 (r_{12}^2 - r_1 r_2) - r_1]\beta_1 - \sigma_2^2 r_{12}$ $[\rho^2 \sigma_1^2 \sigma_2^2 (r_{12}^2 - r_1 r_2) + 1]\beta_2 > 0$,即 $\frac{\beta_1}{\beta_2} > \frac{\sigma_2^2 r_{12}[\rho^2 \sigma_1^2 \sigma_2^2 (r_{12}^2 - r_1 r_2) + 1]}{\sigma_1^2 [2\rho\sigma_2^2 (r_{12}^2 - r_1 r_2) + \rho^2 \sigma_2^4 r_2 (r_{12}^2 - r_1 r_2) - r_1]} = \beta_1^*$

时,则 $\frac{\partial \delta_E^*}{\partial \rho} > 0$,最优经济指标权重系数是 ρ 的递增函数,随着规制主体绝对风险规避度的增加,最优经济指标权重系数也会提高。当 $\sigma_1^2 [2\rho\sigma_2^2 (r_{12}^2 - r_1 r_2) + \rho^2 \sigma_2^4 r_2$ $(r_{12}^2 - r_1 r_2) - r_1]\beta_1 - \sigma_2^2 r_{12}[\rho^2 \sigma_1^2 \sigma_2^2 (r_{12}^2 - r_1 r_2) + 1]\beta_2 < 0$,即 $\frac{\beta_1}{\beta_2} <$

$$\frac{\sigma_2^2 r_{12}\left[\rho^2\sigma_1^2\sigma_2^2(r_{12}^2-r_1 r_2)+1\right]}{\sigma_1^2\left[2\rho\sigma_2^2(r_{12}^2-r_1 r_2)+\rho^2\sigma_2^4 r_2(r_{12}^2-r_1 r_2)-r_1\right]}=\beta_1^*$$ 时,则 $\frac{\partial\delta_E^*}{\partial\rho}<0$,最优经济指标权

重系数是 ρ 的递减函数,随着规制主体绝对风险规避度的增加,最优经济指标权重

系数会逐渐降低。

$$\frac{\partial\delta_E^*}{\partial\sigma_2^2}=\frac{\rho r_{12}\left[\rho\sigma_1^2 r_{12}\beta_1-(1+\rho\sigma_1^2 r_1)\beta_2\right]}{\left[1+\rho\sigma_1^2 r_1+\rho\sigma_2^2 r_2-\rho^2\sigma_1^2\sigma_2^2(r_{12}^2-r_1 r_2)\right]^2}<0 \qquad (8-10)$$

由式(8-10)可知,最优经济指标权重系数是 σ_2^2 的递减函数,随着污染减排量

方差的增大,最优经济指标权重系数会逐渐降低。

$$\frac{\partial\delta_E^*}{\partial r_1}=\frac{\left[\rho\sigma_2^2 r_{12}\beta_2-(1+\rho\sigma_2^2 r_2)\beta_1\right](\rho\sigma_1^2+\rho^2\sigma_1^2\sigma_2^2 r_2)}{\left[1+\rho\sigma_1^2 r_1+\rho\sigma_2^2 r_2-\rho^2\sigma_1^2\sigma_2^2(r_{12}^2-r_1 r_2)\right]^2}<0 \qquad (8-11)$$

由式(8-11)可知,最优经济指标权重系数是 r_1 的递减函数,随着规制主体经

济发展能力的下降(r_1 增加),最优经济指标权重系数会逐渐降低。

$$\frac{\partial\delta_E^*}{\partial r_2}=\frac{\rho^2\sigma_2^4 r_{12}\left[(1+\rho\sigma_1^2 r_1)\beta_2-\rho\sigma_1^2 r_{12}\beta_1\right]}{\left[1+\rho\sigma_1^2 r_1+\rho\sigma_2^2 r_2-\rho^2\sigma_1^2\sigma_2^2(r_{12}^2-r_1 r_2)\right]^2}>0 \qquad (8-12)$$

由式(8-12)可知,最优经济指标权重系数是 r_2 的递增函数,随着环境规制实

施成本的增加,最优经济指标权重系数也会提高。

$$\frac{\partial\delta_E^*}{\partial r_{12}}=$$

$$\frac{\rho\sigma_2^2\left[2\rho\sigma_1^2 r_{12}(1+\rho\sigma_2^2 r_2)\beta_1-(1+\rho\sigma_1^2 r_1+\rho\sigma_2^2 r_2+\rho^2\sigma_1^2\sigma_2^2 r_1 r_2+\rho^2\sigma_1^2\sigma_2^2 r_{12}^2)\beta_2\right]}{\left[1+\rho\sigma_1^2 r_1+\rho\sigma_2^2 r_2-\rho^2\sigma_1^2\sigma_2^2(r_{12}^2-r_1 r_2)\right]^2}$$

$$(8-13)$$

由式(8-13)可知,当 $2\rho\sigma_1^2 r_{12}(1+\rho\sigma_2^2 r_2)\beta_1-(1+\rho\sigma_1^2 r_1+\rho\sigma_2^2 r_2+\rho^2\sigma_1^2\sigma_2^2 r_1 r_2+$

$\rho^2\sigma_1^2\sigma_2^2 r_{12}^2)\beta_2>0$,即 $\frac{\beta_1}{\beta_2}>\frac{(1+\rho\sigma_1^2 r_1+\rho\sigma_2^2 r_2+\rho^2\sigma_1^2\sigma_2^2 r_1 r_2+\rho^2\sigma_1^2\sigma_2^2 r_{12}^2)}{2\rho\sigma_1^2 r_{12}(1+\rho\sigma_2^2 r_2)}=\beta_2^*$ 时,则 $\frac{\partial\delta_E^*}{\partial r_{12}}>0$,

最优经济指标权重系数是 r_{12} 的递增函数,随着环境规制经济成本的增加,最优经

济指标权重系数也会提高。 当 $2\rho\sigma_1^2 r_{12}(1+\rho\sigma_2^2 r_2)\beta_1-(1+\rho\sigma_1^2 r_1+\rho\sigma_2^2 r_2+$

$\rho^2\sigma_1^2\sigma_2^2 r_1 r_2+\rho^2\sigma_1^2\sigma_2^2 r_{12}^2)\beta_2<0$,即 $\frac{\beta_1}{\beta_2}<\frac{(1+\rho\sigma_1^2 r_1+\rho\sigma_2^2 r_2+\rho^2\sigma_1^2\sigma_2^2 r_1 r_2+\rho^2\sigma_1^2\sigma_2^2 r_{12}^2)}{2\rho\sigma_1^2 r_{12}(1+\rho\sigma_2^2 r_2)}=\beta_2^*$

时,则 $\frac{\partial\delta_E^*}{\partial r_{12}}<0$,最优经济指标权重系数是 r_{12} 的递减函数,随着环境规制经济成本

的增加,最优经济指标权重系数会逐渐降低。

在最优环境指标权重系数方面:

$$\frac{\partial\delta_P^*}{\partial\beta_1}=\frac{-\rho\sigma_1^2 r_{12}}{1+\rho\sigma_1^2 r_1+\rho\sigma_2^2 r_2-\rho^2\sigma_1^2\sigma_2^2(r_{12}^2-r_1 r_2)}<0 \qquad (8-14)$$

由式(8-14)可知,最优环境指标权重系数是 β_1 的递减函数,随着监督主体对

经济增长重视度的提高,最优环境指标权重系数会逐渐降低。

$$\frac{\partial \delta_P^*}{\partial \beta_2} = \frac{1 + \rho \sigma_1^2 r_1}{1 + \rho \sigma_1^2 r_1 + \rho \sigma_2^2 r_2 - \rho^2 \sigma_1^2 \sigma_2^2 (r_{12}^2 - r_1 r_2)} > 0 \qquad (8-15)$$

由式(8-15)可知,最优环境指标权重系数是 β_2 的递增函数,随着监督主体对环境质量重视度的提高,最优环境指标权重系数也会提高。

$$\frac{\partial \delta_P^*}{\partial \rho} =$$

$$\frac{\sigma_2^2 \left[2\rho\sigma_1^2 (r_{12}^2 - r_1 r_2) + \rho^2 \sigma_1^4 r_1 (r_{12}^2 - r_1 r_2) - r_2\right]\beta_2 - \sigma_1^2 r_{12}\left[\rho^2 \sigma_1^2 \sigma_2^2 (r_{12}^2 - r_1 r_2) + 1\right]\beta_1}{\left[1 + \rho\sigma_1^2 r_1 + \rho\sigma_2^2 r_2 - \rho^2 \sigma_1^2 \sigma_2^2 (r_{12}^2 - r_1 r_2)\right]^2}$$

$$(8-16)$$

由式(8-16)可知,当 $\sigma_2^2 \left[2\rho\sigma_1^2 (r_{12}^2 - r_1 r_2) + \rho^2 \sigma_1^4 r_1 (r_{12}^2 - r_1 r_2) - r_2\right]\beta_2 - \sigma_1^2 r_{12}$ $\left[\rho^2 \sigma_1^2 \sigma_2^2 (r_{12}^2 - r_1 r_2) + 1\right]\beta_1 > 0$,即 $\dfrac{\beta_2}{\beta_1} > \dfrac{\sigma_1^2 r_{12}\left[\rho^2 \sigma_1^2 \sigma_2^2 (r_{12}^2 - r_1 r_2) + 1\right]}{\sigma_2^2 \left[2\rho\sigma_1^2 (r_{12}^2 - r_1 r_2) + \rho^2 \sigma_1^4 r_1 (r_{12}^2 - r_1 r_2) - r_2\right]}$ $= \beta_3^*$ 时,则 $\dfrac{\partial \delta_P^*}{\partial \rho} > 0$,最优环境指标权重系数是 ρ 的递增函数,随着规制主体绝对风险规避度的增加,最优环境指标权重系数也会提高。当 $\sigma_2^2 \left[2\rho\sigma_1^2 (r_{12}^2 - r_1 r_2) + \right.$ $\left. \rho^2 \sigma_1^4 r_1 (r_{12}^2 - r_1 r_2) - r_2\right]\beta_2 - \sigma_1^2 r_{12}\left[\rho^2 \sigma_1^2 \sigma_2^2 (r_{12}^2 - r_1 r_2) + 1\right]\beta_1 < 0$,即 $\dfrac{\beta_2}{\beta_1} <$ $\dfrac{\sigma_1^2 r_{12}\left[\rho^2 \sigma_1^2 \sigma_2^2 (r_{12}^2 - r_1 r_2) + 1\right]}{\sigma_2^2 \left[2\rho\sigma_1^2 (r_{12}^2 - r_1 r_2) + \rho^2 \sigma_1^4 r_1 (r_{12}^2 - r_1 r_2) - r_2\right]} = \beta_3^*$ 时,则 $\dfrac{\partial \delta_P^*}{\partial \rho} < 0$,最优环境指标权重系数是 ρ 的递减函数,随着规制主体绝对风险规避度的增加,最优环境指标权重系数会逐渐降低。

$$\frac{\partial \delta_P^*}{\partial \sigma_2^2} = \frac{\left[\rho\sigma_1^2 r_{12}\beta_1 - (1 + \rho\sigma_1^2 r_1)\beta_2\right]\left[\rho r_2 - \rho^2 \sigma_1^2 (r_{12}^2 - r_1 r_2)\right]}{\left[1 + \rho\sigma_1^2 r_1 + \rho\sigma_2^2 r_2 - \rho^2 \sigma_1^2 \sigma_2^2 (r_{12}^2 - r_1 r_2)\right]^2} < 0 \quad (8-17)$$

由式(8-17)可知,最优环境指标权重系数是 σ_2^2 的递减函数,随着污染减排量方差的增大,最优环境指标权重系数会逐渐降低。

$$\frac{\partial \delta_P^*}{\partial r_1} = \frac{\rho^2 \sigma_1^4 r_{12}\left[(1 + \rho\sigma_2^2 r_2)\beta_1 - \rho\sigma_2^2 r_{12}\beta_2\right]}{\left[1 + \rho\sigma_1^2 r_1 + \rho\sigma_2^2 r_2 - \rho^2 \sigma_1^2 \sigma_2^2 (r_{12}^2 - r_1 r_2)\right]^2} > 0 \qquad (8-18)$$

由式(8-18)可知,最优环境指标权重系数是 r_1 的递增函数,随着规制主体经济发展能力的下降(r_1 增加),最优环境指标权重系数会逐渐提高。

$$\frac{\partial \delta_P^*}{\partial r_2} = \frac{\left[\rho\sigma_1^2 r_{12}\beta_1 - (1 + \rho\sigma_1^2 r_1)\beta_2\right](\rho\sigma_2^2 + \rho^2 \sigma_1^2 \sigma_2^2 r_1)}{\left[1 + \rho\sigma_1^2 r_1 + \rho\sigma_2^2 r_2 - \rho^2 \sigma_1^2 \sigma_2^2 (r_{12}^2 - r_1 r_2)\right]^2} < 0 \qquad (8-19)$$

由式(8-19)可知,最优环境指标权重系数是 r_2 的递减函数,随着环境规制实施成本的增加,最优环境指标权重系数会逐渐降低。

$$\frac{\partial \delta_P^*}{\partial r_{12}} =$$

$$\frac{\rho\sigma_1^2 \left[2\rho\sigma_2^2 r_{12}(1 + \rho\sigma_1^2 r_1)\beta_2 - (1 + \rho\sigma_1^2 r_1 + \rho\sigma_2^2 r_2 + \rho^2 \sigma_1^2 \sigma_2^2 r_1 r_2 + \rho^2 \sigma_1^2 \sigma_2^2 r_{12}^2)\beta_1\right]}{\left[1 + \rho\sigma_1^2 r_1 + \rho\sigma_2^2 r_2 - \rho^2 \sigma_1^2 \sigma_2^2 (r_{12}^2 - r_1 r_2)\right]^2}$$

$$(8-20)$$

由式(8-20)可知,当 $2\rho\sigma_2^2 r_{12}(1+\rho\sigma_1^2 r_1)\beta_2 - (1+\rho\sigma_1^2 r_1 + \rho\sigma_2^2 r_2 + \rho^2\sigma_1^2\sigma_2^2 r_1 r_2 + \rho^2\sigma_1^2\sigma_2^2 r_{12}^2)\beta_1 > 0$,即 $\dfrac{\beta_2}{\beta_1} > \dfrac{(1+\rho\sigma_1^2 r_1 + \rho\sigma_2^2 r_2 + \rho^2\sigma_1^2\sigma_2^2 r_1 r_2 + \rho^2\sigma_1^2\sigma_2^2 r_{12}^2)}{2\rho\sigma_2^2 r_{12}(1+\rho\sigma_1^2 r_1)} = \beta_4^*$ 时,则 $\dfrac{\partial\delta_P^*}{\partial r_{12}}$ >0,最优环境指标权重系数是 r_{12} 的递增函数,随着环境规制经济成本的增加,最优环境指标权重系数也会提高。当 $2\rho\sigma_2^2 r_{12}(1+\rho\sigma_1^2 r_1)\beta_2 - (1+\rho\sigma_1^2 r_1 + \rho\sigma_2^2 r_2 + \rho^2\sigma_1^2\sigma_2^2 r_1 r_2 + \rho^2\sigma_1^2\sigma_2^2 r_{12}^2)\beta_1 < 0$,即 $\dfrac{\beta_2}{\beta_1} < \dfrac{(1+\rho\sigma_1^2 r_1 + \rho\sigma_2^2 r_2 + \rho^2\sigma_1^2\sigma_2^2 r_1 r_2 + \rho^2\sigma_1^2\sigma_2^2 r_{12}^2)}{2\rho\sigma_2^2 r_{12}(1+\rho\sigma_1^2 r_1)} = \beta_4^*$ 时,则 $\dfrac{\partial\delta_P^*}{\partial r_{12}}<0$,最优环境指标权重系数是 r_{12} 的递减函数,随着环境规制经济成本的增加,最优环境指标权重系数会逐渐降低。

对于监督主体而言,可以将最优激励契约的影响因素分为主观因素和客观因素。主观因素包括监督主体对经济增长的重视度 β_1 和对环境质量的重视度 β_2,β_1/β_2 表示经济增长对于环境质量的相对重视度(经济增长相对重视度),β_2/β_1 表示环境质量对于经济增长的相对重视度(环境质量相对重视度)。客观因素主要包括规制主体的风险规避度 ρ、规制主体的经济发展能力 r_1、污染减排量方差 σ_2、环境规制实施成本 r_2 以及环境规制经济成本 r_{12}。以上因素对最优激励契约的影响如表8-1所示。

表8-1　参数变化对最优激励契约的影响

参数	变化方向	参数变化含义	δ_E^*		δ_P^*	
β_1	↑	监督主体对经济增长重视度提高	↑		↓	
β_2	↑	监督主体对环境质量重视度提高	↓		↑	
ρ	↑	规制主体的绝对风险规避度增加	$\dfrac{\beta_1}{\beta_2} > \beta_1^*$	↑	$\dfrac{\beta_2}{\beta_1} > \beta_3^*$	↑
			$\dfrac{\beta_1}{\beta_2} < \beta_1^*$	↓	$\dfrac{\beta_2}{\beta_1} < \beta_3^*$	↓
σ_2	↑	污染减排量方差增大	↓		↓	
r_1	↑	规制主体的经济发展能力提高	↓		↓	
r_2	↑	规制主体的环境规制实施成本增加	↑		↓	
r_{12}	↑	规制主体的环境规制经济成本增加	$\dfrac{\beta_1}{\beta_2} > \beta_2^*$	↑	$\dfrac{\beta_2}{\beta_1} > \beta_4^*$	↑
			$\dfrac{\beta_1}{\beta_2} < \beta_2^*$	↓	$\dfrac{\beta_2}{\beta_1} < \beta_4^*$	↓

由表8-1可知,当不考虑其他客观因素时,监督主体可以根据自身对经济增长和环境质量的重视度确立或调整激励契约。当监督主体对经济增长的重视度提高时,可以提高经济指标权重系数或者降低环境指标权重系数;当监督主体对环

质量的重视度提高时,可以降低经济指标权重系数或者提高环境指标权重系数。

但是,如果考虑到规制主体的风险偏好以及规制主体的环境规制经济成本,监督主体则应将自身对任务的重视度与这两个客观因素相结合,综合考察进而对激励契约做出调整。对于风险偏好低、风险规避度高的规制主体,如果监督主体的经济增长相对重视度 β_1/β_2 大于临界值 θ_1^*,则应该提高经济指标权重系数;如果监督主体的经济增长相对重视度 β_1/β_2 小于临界值 θ_1^*,则应该降低经济指标权重系数;如果监督主体的环境质量相对重视度 β_2/β_1 大于临界值 θ_3^*,则应该提高环境指标权重系数;如果监督主体的环境质量相对重视度 β_2/β_1 小于临界值 θ_3^*,则应该降低环境指标权重系数。对于风险偏好高、风险规避度低的规制主体,如果监督主体的经济增长相对重视度 β_1/β_2 大于临界值 θ_1^*,则应该降低经济指标权重系数;如果监督主体的经济增长相对重视度 β_1/β_2 小于临界值 θ_1^*,则应该提高经济指标权重系数;如果监督主体的环境质量相对重视度 β_2/β_1 大于临界值 θ_3^*,则应该降低环境指标权重系数;如果监督主体的环境质量相对重视度 β_2/β_1 小于临界值 θ_3^*,则应该提高环境指标权重系数。对于环境规制经济成本较高的规制主体,比如经济发展更加依赖于环境资源的开发利用、产业结构以排污量较大的第二产业为主,对环境规制实施强度的变化较为敏感的地区,如果监督主体的经济增长相对重视度 β_1/β_2 大于临界值 θ_2^*,则应该提高经济指标权重系数;如果监督主体的经济增长相对重视度 β_1/β_2 小于临界值 θ_2^*,则应该降低经济指标权重系数;如果监督主体的环境质量相对重视度 β_2/β_1 大于临界值 θ_4^*,则应该提高环境指标权重系数;如果监督主体的环境质量相对重视度 β_2/β_1 小于临界值 θ_4^*,则应该降低环境指标权重系数。对于环境规制经济成本较低的规制主体,比如产业结构以排污量较小的第一或第三产业为主,受到环境规制实施强度的变化影响较小的地区,如果监督主体的经济增长相对重视度 β_1/β_2 大于临界值 θ_2^*,则应该降低经济指标权重系数;如果监督主体的经济增长相对重视度 β_1/β_2 小于临界值 θ_2^*,则应该提高经济指标权重系数;如果监督主体的环境质量相对重视度 β_2/β_1 大于临界值 θ_4^*,则应该降低环境指标权重系数;如果监督主体的环境质量相对重视度 β_2/β_1 小于临界值 θ_4^*,则应该提高环境指标权重系数。

而对于污染减排量方差、规制主体的经济发展能力以及环境规制实施成本这些客观因素,监督主体则可以忽视自身对任务重视度的影响,直接根据客观因素的具体情况确立或调整激励契约。对于污染减排量方差较大的规制主体,环境规制实施强度与污染减排量的相关程度不高,污染减排量的增加或降低更多的是由环境规制以外的随机因素(比如地理因素、气候因素、人为因素等)造成的,而并不能反映真实的环境规制实施强度,则应该降低经济指标权重系数或者降低环境指标权重系数。对于污染减排量方差较小的规制主体,此种情况说明环境规制实施强度与污染减排量的相关程度高,则应该提高经济指标权重系数或者提高环境指标权重系数。对于经济发展能力比较低的规制主体,应该降低经济指标权重系数或者提高环境指标权重系数。对于经济发展能力比较强的规制主体,应该提高经济指标权重系数或者降低环境指标权重系数。对于环境规制实施成本较高的规制主体,比如由产业特性所决定的环境监察难度较大,执法时需要投入更多人力、物力的地区,应该提高经济指标权重系数或者降低环境指标权重系数。对于环境规制实施成本较低的规制主体,则应该降低经济指标权重系数或者提高环境指标权重系数。

8.3 本章小结

本章首先从完善财税体系制度,完善环境规制体制,优化考核机制与监督、惩罚机制并行以及科学制定环境规制政策标准与制度建设并行等方面提出了环境规制实施管理的政策建议,而后通过构建监督主体与规制主体的多任务委托-代理模型,分析了环境规制相关因素对最优激励契约的影响。研究发现,监督主体对经济增长的重视度、监督主体对环境质量的重视度、规制主体的风险偏好、规制主体的经济发展能力、污染减排量方差、环境规制实施成本以及环境规制经济成本都会影响最优激励契约的确立。其中,监督主体对经济增长的重视度、监督主体对环境质量的重视度、规制主体的经济发展能力、污染减排量方差和环境规制实施成本均与最优激励契约为单调关系。而规制主体的风险偏好和环境规制经济成本对最优激励契约的影响则取决于监督主体对经济增长和环境质量的相对重视度。

参考文献

[1] 张晓.中国环境政策的总体评价[J].中国社会科学,1999(3):88-99.

[2] 王淑平.中国环境与发展:世纪挑战与战略抉择[M].北京:中国环境科学出版社,2007.

[3] 郑周胜,黄慧婷.地方政府行为与环境污染的空间面板分析[J].统计与信息论坛,2011,26(10):52-57.

[4] 孙晓伟.从污染事故频发透视环境规制实施行为:基于公共选择理论视角的分析[J].长白学刊,2011(4):81-86.

[5] 张天悦.环境规制的绿色创新激励研究[D].北京:中国社会科学院,2014.

[6] 杨钟馗,廖尝君,杨俊.分权模式下地方政府赶超对环境质量的影响:基于中国省际面板数据的实证分析[J].山西财经大学学报,2012,34(3):11-19.

[7] 张晓莹.环境规制对中国国际竞争力的影响效应[D].济南:山东大学,2014.

[8] 蔡昉,都阳,王美艳.经济发展方式转变与节能减排内在动力[J].经济研究,2008(6):4-11.

[9] 张征宇,朱平芳.地方环境支出的实证研究[J].经济研究,2010(5):82-94.

[10] 易志斌,马晓明.地方政府环境规制为何失灵[N].中国社会科学报,2008-08-04(4).

[11] 张成,陆旸,郭路,等.环境规制强度和生产技术进步[J].经济研究,2011,46(2):113-124.

[12] 李钢,马岩,姚磊磊.中国工业环境管制强度与提升路线:基于中国工业环境保护成本与效益的实证研究[J].中国工业经济,2010(3):31-41.

[13] 钱颖一.现代经济学与中国经济改革[M].北京:中国人民大学出版社,2003.

[14] 钱颖一,许成钢,董彦彬.中国的经济改革为什么与众不同:M型的层级制和非国有部门的进入与扩张[J].经济社会体制比较,1993(1):29-40.

[15] QIAN Y, WEINGAST B R. Federalism as a commitment to perserving market incentives[J]. The Journal of Economic Perspectives,1997,11(4):83-92.

[16] BLANCHARD O, SHLEIFER A. Federalism with and without political centralization: China versus Russia [R]. National Bureau of Economic Research,2000.

[17] 王永钦,张晏,章元,等.中国的大国发展道路:论分权式改革的得失[J].经济研究,2007(1):4-16.

[18] 植草益.微观规制经济学[M].北京:中国发展出版社,1992.

[19] 史普博.管制与市场[M].上海:上海人民出版社,1999.

[20] 王俊豪.政府管制经济学导论:基本理论及其在政府管制实践中的应用[M].北京:商务印书馆,2001.

[21] 于立,张嫚.美国政府规制成本及其经济影响分析[J].世界经济,2002(12):33-39.

[22] 谢地,景玉琴.我国政府规制体制改革及政策选择[J].吉林大学社会科学学报,2003(3):22-29.

[23] 赵红.环境规制对中国产业绩效影响的实证研究[D].济南:山东大学,2007.

[24] 于文超.官员政绩诉求、环境规制与企业生产效率[D].成都:西南财经大学,2013.

[25] 王文普.环境规制的经济效应研究:作用机制与中国实证[D].济南:山东大学,2012.

[26] 赵玉民,朱方明,贺立龙.环境管制的界定、分类和演进研究[J].中国人口·资源与环境,2009,19(6):85-90.

[27] 崔亚飞,刘小川.中国省级税收竞争与环境污染[J].财经研究,2010,36(4):46-55.

[28] 张晏,龚六堂.分税制改革、财政分权与中国经济增长[J].经济学(季刊),2005,5(1):75-108.

[29] JIN H,QIAN Y,WEINGAST B R. Regional decentralization and fiscal incentives:Federalism,Chinese style[J].Journal of Public Economics,2005,89(9):1719-1742.

[30] 桂琦寒,陈敏,陆铭,等.中国国内商品市场趋于分割还是整合:基于相对价格法的分析[J].世界经济,2006,29(2):20-30.

[31] 江飞涛,曹建海.市场失灵还是体制扭曲:重复建设形成机理研究中的争论、缺陷与新进展[J].中国工业经济,2009(1):53-64.

[32] 张晏,龚六堂.地区差距、要素流动与财政分权[J].经济研究,2004(7):59-69.

[33] 杨海生,陈少凌,周永章.地方政府竞争与环境政策:来自中国省份数据的证据[J].南方经济,2008(6):15-30.

[34] 丁菊红,邓可斌.政府偏好、公共品供给与转型中的财政分权[J].经济研究,2008(7):78-89.

[35] 吴一平.财政分权、腐败与治理[J].经济学(季刊),2008,7(3):1045-1060.

[36] FARZANEGAN M R, MENNEL T. Fiscal decentralization and pollution: Institutions matter[R]. Joint Discussion Paper Series in Economics, 2012.

[37] 杨俊,邵汉华,胡军. 中国环境效率评价及其影响因素实证研究[J]. 中国人口·资源与环境,2010,20(2):49 - 55.

[38] 张克中,王娟,崔小勇. 财政分权与环境污染:碳排放的视角[J]. 中国工业经济,2011(10):65 - 75.

[39] 刘琦. 财政分权、政府激励与环境治理[J]. 经济经纬,2013(2):127 - 132.

[40] ANSELIN L. Spatial effects in econometric practice in environmental and resource economics[J]. American Journal of Agricultural Economics, 2001, 83(3): 705 - 710.

[41] WILSON J D. Theories of tax competition[J]. National Tax Journal, 1999 (52): 269 - 304.

[42] RAUSCHER M. Economic growth and tax - competing leviathans[J]. International Tax and Public Finance, 2005,12(4): 457 - 474.

[43] 李涛,黄纯纯,周业安. 税收、税收竞争与中国经济增长[J]. 世界经济,2011 (4):22 - 41.

[44] 崔亚飞,刘小川. 中国省级税收竞争与环境污染[J]. 财经研究,2010,36(4): 46 - 55.

[45] 杨海生,陈少凌,周永章. 地方政府竞争与环境政策:来自中国省份数据的证据[J]. 南方经济,2008(6):15 - 30.

[46] 朱平芳,张征宇,姜国麟. FDI 与环境规制:基于地方分权视角的实证研究 [J]. 经济研究,2011(6):133 - 145.

[47] 李猛. 中国环境破坏事件频发的成因与对策:基于区域间环境竞争的视角 [J]. 财贸经济,2009(9):82 - 88.

[48] 张文彬,张理芃,张可云. 中国环境规制强度省际竞争形态及其演变:基于两区制空间 Durbin 固定效应模型的分析[J]. 管理世界,2010(12):34 - 44.

[49] LAFFONT J J. More on prices vs quantities[J]. The Review of Economic Studies, 1977,44(1):177 - 182.

[50] CREW M A, HEYES A. Market - based approaches to environmental regulation: Editors' introduction[J]. Journal of Regulatory Economics, 2013, 44(1):1 - 3.

[51] BLACKMAN A, HARRINGTON W. The use of economic incentives in developing countries: Lessons from international experience with industrial air pollution[J]. The Journal of Environment & Development, 2000,9(1): 5 - 44.

[52] KEMP R，PONTOGLIO S. The innovation effects of environmental policy instruments – A typical case of the blind men and the elephant[J]. Ecological Economics，2011,72(15):28 – 36.

[53] GRAY W B，SHIMSHACK J P. The effectiveness of environmental monitoring and enforcement：A review of the empirical evidence[J]. Review of Environmental Economics and Policy，2011,5(1):3 – 24.

[54] 李郁芳. 环境规制实施的外部性分析:基于公共选择视角[J]. 财贸经济,2007(3):54 – 59.

[55] 李项峰. 环境规制的范式及其政治经济学分析[J]. 暨南学报(哲学社会科学版),2007(2):47 – 52.

[56] 张学刚. 外部性理论与环境管制工具的演变与发展[J]. 改革与战略,2009,25(4):25 – 27.

[57] 赵敏. 环境规制的经济学理论根源探究[J]. 经济问题探索,2013(4):152 – 155.

[58] 张文彬,张良刚. 环境规制分权与治理成本在政府间分担的分析[J]. 中国市场,2012(16):52 – 58.

[59] 胡元林,陈怡秀. 环境规制对企业行为的影响[J]. 经济纵横,2014(7):51 – 54.

[60] 魏玉平. 中国环境管制为什么失灵:从管制者角度的分析[J]. 江汉大学学报(社会科学版),2010,27(1):104 – 109.

[61] 吴卫星. 论环境规制中的结构性失衡:对中国环境规制失灵的一种理论解释[J]. 南京大学学报(哲学·人文科学·社会科学版),2013(2):49 – 57.

[62] 曾丽红. 我国环境规制的失灵及其治理:基于治理结构、行政绩效、产权安排的制度分析[J]. 吉首大学学报(社会科学版),2013(4):73 – 78.

[63] CUMBERLAND J H. Efficiency and equity in interregional environmental management[J]. Review of Regional Studies，1981,2(1):9 – 16.

[64] OATES W E，SCHWAB R M. Economic competition among jurisdictions：Efficiency enhancing or distortion inducing[J]. Journal of Public Economics，1988,35(3):333 – 354.

[65] REVESZ R L. Rehabilitating interstate competition：Rethinking the race – to – the – bottom rationale for federal environmental regulation[J]. NYUL Rev.，1992(67):1210.

[66] BURBY R J，STRONG D E. Coping with chemicals：Blacks, whites, planners, and industrial pollution[J]. Journal of the American Planning Association，1997,63(4):469 – 480.

[67] HEYES A, KAPUR S. Enforcement missions: Targets vs budgets[J]. Journal of Environmental Economics and Management, 2009, 58 (2): 129 – 140.

[68] COLSON G, MENAPACE L. Multiple receptor ambient monitoring and firm compliance with environmental taxes under budget and target driven regulatory missions[J]. Journal of Environmental Economics and Management, 2012(2):17 – 23.

[69] FREDRIKSSON P G, SVENSSON J. Political instability, corruption and policy formation: The case of environmental policy[J]. Journal of Public Economics, 2003,87(7):1383 – 1405.

[70] 李后建. 腐败会损害环境政策执行质量吗[J]. 中南财经政法大学学报,2013 (6):34 – 42.

[71] SKINNER M W, JOSEPH A E, KUHN R G. Social and environmental regulation in rural China: Bringing the changing role of local government into focus[J]. Geoforum, 2003,34(2):267 – 281.

[72] LJUNGWALL C, LINDE – RAHR M. Environmental policy and the location of foreign direct investment in China[R]. East Asian Bureau of Economic Research, 2005.

[73] 孙海婧. 任期限制与地方环境规制中的短期行为:基于代际的视角[J]. 经济与管理评论,2013(3):43 – 47.

[74] 王怡. 环境规制视角下政府路径依赖和环境行为研究[J]. 辽宁大学学报(哲学社会科学版),2013,41(1):76 – 81.

[75] 姚圣. 政治缓冲与环境规制效应[J]. 财经论丛,2012(1):84 – 90.

[76] STEWART R B. Pyramids of sacrifice? Problems of federalism in mandating state implementation of national environmental policy[J]. Yale Law Journal, 1977,86(6):1196 – 1272.

[77] GILLROY J M. American and Canadian environmental federalism: A game-theoretic analysis[J]. Policy Studies Journal, 1999,27(2):360 – 388.

[78] BRETON A, SALMON P. France: Forces shaping centralization and decentralization in environmental policymaking[J]. Environmental Governance and Decentralisation, 2007(15):457.

[79] OATES W E, SCHWAB R M. The theory of regulatory federalism: The case of environmental management[R]. Maryland : University of Maryland, Department of Economics, 1988.

[80] ANDREW C B. Environmental constituent interest, green electricity poli-

cies, and legislative voting[J]. Journal of Environmental Economics and Management, 2011,62(2):254 - 266.

[81] BANZHAF H S, CHUPP B A. Fiscal federalism and interjurisdictional externalities: New results and an application to US air pollution[J]. Journal of Public Economics, 2012,96(5):449 - 464.

[82] 李伯涛,马海涛,龙军. 环境联邦主义理论述评[J]. 财贸经济,2009(10):131 - 135.

[83] TSEBELIS G. The effect of fines on regulated industries game theory vs. decision theory[J]. Journal of Theoretical Politics, 1991,3(1):81 - 101.

[84] DAMANIA R. Environmental regulation and financial structure in an oligopoly supergame[J]. Environmental Modelling & Software, 2001,16(2):119 - 129.

[85] MOLEDINA A A, COGGINS J S, POLASKY S, et al. Dynamic environmental policy with strategic firms: Prices versus quantities[J]. Journal of Environmental Economics and Management, 2003,45(2):356 - 376.

[86] MACHO - STADLER I. Environmental regulation: Choice of instruments under imperfect compliance[J]. Spanish Economic Review, 2008,10(1):1 - 21.

[87] 蒙肖莲,杜宽旗,蔡淑琴. 环境政策问题分析模型研究[J]. 数量经济技术经济研究,2005,22(5):79 - 88.

[88] 邓峰. 基于不完全执行污染排放管制的企业与政府博弈分析[J]. 预测,2008,27(1):67 - 71.

[89] 张学刚,钟茂初. 政府环境监管与企业污染的博弈分析及对策研究[J]. 中国人口·资源与环境,2011(2):31 - 35.

[90] 张倩,曲世友. 环境规制下政府与企业环境行为的动态博弈与最优策略研究[J]. 预测,2013,32(4):35 - 40.

[91] MITRA S. Corruption, pollution and the Kuznets environment curve[J]. Journal of Environmental Economics and Management, 2000, 40 (2):137 - 150.

[92] 张颖慧,聂强. 环境监管中的博弈分析[J]. 生态经济,2010(2):123 - 128.

[93] 王珂,毕军,张炳. 排污权有偿使用政策的寻租博弈分析[J]. 中国人口·资源与环境,2010,20(9):95 - 99.

[94] LYON T P. The pros and cons of voluntary approaches to environmental regulation[C]. Reflections on Responsible Regulation Conference,2013.

[95] 郭新帅,缪柏其,方世建. 排污管制中的授权监督与合谋[J]. 中国人口·资源

与环境,2009,19(4):24－29.

[96] KENNEDY P W. Equilibrium pollution taxes in open economies with imperfect competition[J]. Journal of Environmental Economics and Management, 1994,27(1):49－63.

[97] AKIHIKO Y. Global environment and dynamic games of environmental policy in an international duopoly[J]. Journal of Economics, 2009,97(2): 121－140.

[98] FUJIWARA K, VAN LONG N. Welfare effects of reducing home bias in government procurements: A dynamic contest model[J]. Review of Development Economics, 2012(16):137－147.

[99] SANDLER T. Intergenerational public goods: Transnational considerations [J]. Scottish Journal of Political Economy, 2009,56(3):353－370.

[100] 崔亚飞,刘小川. 中国地方政府间环境污染治理策略的博弈分析:基于政府社会福利目标的视角[J]. 理论与改革,2009(6):62－65.

[101] SUN W B, WANG Z Y. Game analysis of environmental regulation performance of FDI competition under green economy perspective [J]. Advanced Materials Research, 2014(1073－1076): 2669－2674.

[102] 易志斌. 地方政府竞争的博弈行为与流域水环境保护[J]. 经济问题,2011 (1):60－64.

[103] 卢方元. 环境污染问题的演化博弈分析[J]. 系统工程理论与实践,2007,27 (9):148－152.

[104] 蔡玲如,王红卫,曾伟. 基于系统动力学的环境污染演化博弈问题研究[J]. 计算机科学,2009,36(8):234－238.

[105] SUZUKI Y, IWASA Y. Conflict between groups of players in coupled socio-economic and ecological dynamics[J]. Ecological Economics, 2009,68 (4):1106－1115.

[106] 申亮. 我国环保监督机制问题研究:一个演化博弈理论的分析[J]. 管理评论,2011,23(8):46－51.

[107] 袁芳. 减排约束下我国近海海域环境规制的演化博弈研究[J]. 生态经济, 2013(5):29－34.

[108] 朱兴龙. 环境规制中政府与企业行为的博弈分析[J]. 珞珈管理评论,2010 (2):68－76.

[109] 彭文斌,吴伟平,王冲. 基于公众参与的污染产业转移演化博弈分析[J]. 湖南科技大学学报(社会科学版),2013,16(1):100－104.

[110] 顾鹏,杜建国,金帅. 基于演化博弈的环境监管与排污企业治理行为研究

[J].环境科学与技术,2013,36(11):187 - 191.

[111] 陈富良.规制机制设计在环境政策中的应用评述[J].江西财经大学学报,2005(1):5 - 8.

[112] BARON D P, MYERSON R B. Regulating a monopolist with unknown costs[J].Econometrica: Journal of the Econometric Society, 1982,50(4): 911 - 930.

[113] VOGELSANG I, FINSINGER J. A regulatory adjustment process for optimal pricing by multiproduct monopoly firms[J]. The Bell Journal of Economics,1979(11):157 - 171.

[114] FINSINGER J, VOGELSANG I. Strategic management behavior under reward structures in a planned economy[J]. The Quarterly Journal of Economics, 1985,100(1):263 - 269.

[115] DASGUPTA P, HAMMOND P, MASKIN E. On imperfect information and optimal pollution control[J]. The Review of Economics Studies,1980, 47(5):857 - 860.

[116] XEPAPADEAS A P. Environmental policy under imperfect information: Incentives and moral hazard[J]. Journal of Environmental Economics and Management, 1991,20(2):113 - 126.

[117] HEYES A. Implementing environmental regulation: Enforcement and compliance[J].Journal of Regulatory Economics, 2000,17(2):107 - 129.

[118] BALKENBORG D. How liable should a lender be? The case of judgment-proof firms and environmental risk: Comment[J]. American Economic Review, 2001,91(3):731 - 738.

[119] DASGUPTA S, LAPLANTE B, MAMINGI N, et al. Inspections, pollution prices and environmental performance: Evidence from China[J]. Ecological Economics, 2001,36(3):487 - 498.

[120] 王永钦,孟大文.代理人有限承诺下的规制合约设计:以环境规制为例[J].财经问题研究,2006(1):33 - 37.

[121] 薛澜,董秀海.基于委托代理模型的环境治理公众参与研究[J].中国人口·资源与环境,2010,20(10):48 - 54.

[122] 薛红燕,王怡,孙菲,等.基于多层委托代理关系的环境规制研究[J].运筹与管理,2013,22(6):249 - 255.

[123] 李国平,张文彬.环境规制实施及其波动机理研究:基于最优契约设计视角[J].中国人口·资源与环境,2014,24(10):24 - 31.

[124] TIEBOUT C M. A pure theory of local expenditures[J]. The Journal of

Political Economy，1956,64(5):416－424.

[125] RICHARD M. The theory of public finance[M]. New York：McGraw－Hill，1959.

[126] OATES W E. Fiscal federalism[M]. New York：Harcourt Brace Jonanovitch，1972.

[127] BESLEY T，COATE S. Centralized versus decentralized provision of local public goods：A political economy approach[J]. Journal of Public Economics，2003,87(12):2611－2637.

[128] BAICKER K. The spillover effects of state spending[J]. Journal of Public Economics，2005,89(2):529－544.

[129] QIAN Y，WEINGAST B R. Federalism as a commitment to perserving market incentives[J]. The Journal of Economic Perspectives，1997,11(4)：83－92.

[130] QIAN Y,XU C. The M－form hierachy and China's economic reform[J]. European Economic Review，1993,37(3):541－548.

[131] WALDER A G. Local governments as industrial firms：An organizational analysis of China's transitional economy[J]. American Journal of Sociology，1995,101(2):263－301.

[132] MONTINOLA G，QIAN Y，WEINGAST B R. Federalism，Chinese style：the political basis for economic success in China[J]. World Politics，1995,48(1):50－81.

[133] QIAN Y，ROLAND G. Federalism and the soft budget constraint[J]. American Economic Review，1998,88(5):1143－1162.

[134] CAI H，TREISMAN D. State corroding federalism[J]. Journal of Public Economics，2004,88(3):819－843.

[135] LI H,ZHOU L. Political turnover and economic performance：The incentive role of personnel control in China[J]. Journal of Public Economics，2005,89(9)：1743－1762.

[136] 周黎安.晋升博弈中政府官员的激励与合作:兼论我国地方保护主义和重复建设问题长期存在的原因[J].经济研究,2004(6):33－40.

[137] TSUI K，WANG Y. Between separate stoves and a single menu：Fiscal decentralization in China[J]. The China Quarterly，2004,177(1):71－90.

[138] POSNER R. A posner：Theories of economic regulation[J]. Bell Journal of Economics and Management Science，1974,5(2):335－358.

[139] OWEN B M，BRAEUTIGAM R. The regulation game：Strategic use of

the administrative process[M]. Cambridge: Ballinger, 1978.

[140] STIGLER G J, FRIEDLAND C. What can regulators regulate? The case of electricity[J]. Journal of Law and Economics, 1962,5(10):1 - 16.

[141] LITTLECHILD S C. Peak - load pricing of telephone calls[J]. The Bell Journal of Economics and Management Science, 1970,1(2):191 - 210.

[142] JORDAN W A. Producer protection, prior market structure and the effects of government regulation[J]. Journal of Law and Economics, 1972, 15(1):151 - 176.

[143] JACKSON R. Regulation and electric utility rate levels[J]. Land Economics, 1969,45(3):372 - 376.

[144] STIGLER G J, FRIEDLAND C. What can regulators regulate? The case of electricity[J]. Journal of Law and Economics, 1962,5(10):1 - 16.

[145] STIGLER G J. The theory of economic regulation[J]. The Bell Journal of Economics and Management Science,1971,2(1):3 - 21.

[146] PELTZMAN S. Toward a more general theory of regulation[J]. Journal of Law and Economics, 1976,19(2):211 - 240.

[147] BECKER G S. A theory of competition among pressure groups for political influence[J]. The Quarterly Journal of Economics, 1983,98(3):371 - 400.

[148] ELLIG J. Endogenous change and the economic theory of regulation[J]. Journal of Regulatory Economics, 1991,3(3): 265 - 274.

[149] MCCHESNEY F S. Money for nothing: Politicians, rent extraction and political extortion[M]. Cambridge: Harvard University Press, 1997.

[150] SHLEIFER A, VISHNY R W. "Corruption"[J]. Quarterly Journal of Economics, 1993,108(3):500 - 618

[151] LOEB M, MAGAT W A. A decentralized method for utility regulation [J]. Journal of Law and Economics, 1979,22(2):399 - 404.

[152] BARON D P, MYERSON R B. Regulating a monopolist with unknown costs[J]. Econometrica: Journal of the Econometric Society, 1982,50(4): 911 - 930.

[153] SAPPINGTON D E M. Incentives in principal - agent relationships[J]. The Journal of Economic Perspectives, 1991,5(2): 45 - 66.

[154] BARON D P. Service - induced campaign contributions and the electoral equilibrium[J]. The Quarterly Journal of Economics, 1989, 104 (1): 45 - 72.

[155] SPILLER P T. Politicians, interest groups and regulators: A multiple-

principals agency theory of regulation, or "Let them be bribed"[J]. Journal of Law and Economics, 1990,33(1):65 - 101.

[156] LAFFONT J J, TIROLE J. The politics of government decision - making: A theory of regulatory capture[J]. The Quarterly Journal of Economics, 1991,106(4):1089 - 1127.

[157] 苏晓红. 我国的社会性管制问题研究[D]. 武汉:华中科技大学,2008.

[158] 马士国. 环境规制机制的设计与实施效应[D]. 上海:复旦大学,2007.

[159] WEITZMAN M L. Prices vs. quantities[J]. The Review of Economic Studies, 1974,41(4):477 - 491.

[160] 夏永祥. 公共选择理论中的政府行为分析与新思考[J]. 国外社会科学, 2009(3):25 - 31.

[161] 赵定涛. 公共管理学[M]. 北京:中国科学技术大学出版社,2006.

[162] 庄序莹. 公共管理学[M]. 上海:复旦大学出版社,2005.

[163] ALCHIAN A A, DEMSETZ H. Production, information costs and economic organization[J]. The American Economic Review, 1972,62(5):777 - 795.

[164] HARRIS M, RAVIV A. Corporate control contests and capital structure [J]. Journal of Financial Economics, 1988(20):55 - 86.

[165] WATERMAN R W, MEIER K J. Principal - agent models: An expansion? [J]. Journal of Public Administration Research and Theory, 1998,8(2):173 - 202.

[166] 陈树文,郭文臣,喻剑利. 公共管理学[M]. 大连:大连理工出版社,2004.

[167] 张红凤,张细松. 环境规制理论研究[M]. 北京:北京大学出版社,2012.

[168] 刘研华. 中国环境规制改革研究[D]. 沈阳:辽宁大学,2007.

[169] JAHIEL A R. The organization of environmental protection in China[J]. The China Quarterly, 1998,156(12):757 - 787.

[170] 董敏杰. 环境规制对中国产业国际竞争力的影响[D]. 北京:中国社会科学院研究生院,2011.

[171] 齐晔. 中国环境监管体制研究[M]. 上海:上海三联书店,2008.

[172] 石昶. 中国污染控制政策作用与设计研究[D]. 武汉:华中科技大学,2012.

[173] 陈富良. S - P - B 规制均衡模型及其修正[J]. 当代财经,2002(7):12 - 15.

[174] 陈宏平,汪贵浦. 管制政策的动态性及其均衡[J]. 上海经济研究,2003(4):22 - 26.

[175] 王亮,赵定涛. 企业政治行为对管制动态均衡的隐蔽性影响[J]. 公共管理学报,2007(2):63 - 68.

[176] 陈华文,刘康兵.经济增长与环境质量:关于环境库兹涅茨曲线的经验分析[J].复旦学报(社会科学版),2004(2):87-94.

[177] 张嫚.环境规制与企业行为间的关联机制研究[J].财经问题研究,2005(4):34-39.

[178] 李永友,沈坤荣.我国污染控制政策的减排效果:基于省际工业污染数据的实证分析[J].管理世界,2008(7):7-17.

[179] 李伯涛,马海涛,龙军.环境联邦主义理论述评[J].财贸经济,2009(10):131-135.

[180] BATTESE G E. Frontier production functions and technical efficiency:A survey of empirical applications in agricultural economics[J]. Agricultural Economics,1992,7(3):185-208.

[181] 周雪光,练宏.政府内部上下级部门间谈判的一个分析模型:以环境政策实施为例[J].中国社会科学,2011(5):80-96.

[182] LEWONTIN R C. Evolution and the theory of games[J].Journal of Theoretical Biology,1961,1(3):382-403.

[183] SMITH J M,PRICE G R. The logic of animal conflict[J]. Nature,1973,246(11):15-18.

[184] SMITH J M. The theory of games and the evolution of animal conflicts[J].Journal of Theoretical Biology,1974,47(1):209-221.

[185] TAYLOR P D,JONKER L B. Evolutionarily stable strategies and game dynamics[J].Mathematical Biosciences,1978,40(1):145-156.

[186] WEBULL J. Evolutionary game theory[M]. Princeton:Princeton Press,1995.

[187] 孙庆文,陆柳,严广乐,等.不完全信息条件下演化博弈均衡的稳定性分析[J].系统工程理论与实践,2003(7):11-16.

[188] 易余胤,刘汉民.经济研究中的演化博弈理论[J].商业经济与管理,2005,166(8):8-13.

[189] FRIEDMAN D. Evolutionary games in economics[J].Econometrica,1991,59(3):637-666.

[190] 李婉红,毕克新,曹霞.环境规制工具对制造企业绿色技术创新的影响:以造纸及纸制品企业为例[J].系统工程,2013,(31)10:113-122.

[191] 马富萍,茶娜.环境规制对技术创新绩效的影响研究:制度环境的调节作用[J].研究与发展管理,2012,24(1):60-66.

[192] TELLE K. "It pays to be green"-A premature conclusion? [J]. Environmental and Resource Economics,2006,35(3):195-220.

[193] 闫文娟. 财政分权、政府竞争与环境治理投资[J]. 财贸研究,2012(5):91-97.

[194] 张军,高远,傅勇,等. 中国为什么拥有了良好的基础设施?[J]. 经济研究,2007(3):4-19.

[195] 李拓晨,丁莹莹. 环境规制对我国高新技术产业绩效影响研究[J]. 科技进步与对策,2013,30(1):69-73.

[196] BAGOZZI R P, YI Y. On the evaluation of structural equation models[J]. Journal of the Academy of Marketing Science,1988,16(1):74-94.

[197] DOLAN C,VAN DER SLUIS S, GRASMAN R. A note on normal theory power calculation in SEM with data missing completely at random[J]. Structural Equation Modeling A Multidisciplinary Journal,2005,12(2):245-262.

[198] FOX J. Teacher's corner: Structural equation modeling with the SEM package in R[J]. Structural Equation Modeling,2006,13(3):465-486.

[199] 侯杰泰,温忠麟,成子娟. 结构方程模型及其应用[M]. 北京:教育科学出版社,2004.

[200] 邓朝华,鲁耀斌,张金隆. 基于 TAM 和网络外部性的移动服务使用行为研究[J]. 管理学报,2007(2):216-221.

[201] HOLMSTROM B, MILGROM P. Aggregation and linearity in the provision of intertemporal incentives[J]. Econometrica: Journal of the Econometric Society,1987,55(2):303-328.

[202] HOLMSTROM B, MILGROM P. Multitask principal-agent analyses: Incentive contracts, asset ownership, and job design[J]. Journal of Law, Economics & Organization,1991(7):24-52.

[203] 李军杰,周卫峰. 基于政府间竞争的地方政府经济行为分析:以"铁本事件"为例[J]. 经济社会体制比较,2005(1):49-54.

[204] ARROW K J. Insurance, risk and resource allocation[J]. Essays in the Theory of Risk Bearing,1971(32):134-143.

[205] 方逵,朱幸辉,刘华富. 二元凸函数的判别条件[J]. 纯粹数学与应用数学,2008,24(1):97-101.